本书由
中央高校建设世界一流大学（学科）
和特色发展引导专项资金
资助

中南财经政法大学"双一流"建设文库

生 | 态 | 文 | 明 | 系 | 列 |

环境会计问题研究

郭道扬　著

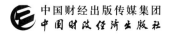

中国财经出版传媒集团

中国财政经济出版社

图书在版编目（CIP）数据

环境会计问题研究／郭道扬著. -- 北京：中国财政经济出版社，2019. 12

（中南财经政法大学"双一流"建设文库生态文明系列）

ISBN 978 - 7 - 5095 - 9408 - 7

Ⅰ. ①环… Ⅱ. ①郭… Ⅲ. ①环境会计－研究 Ⅳ. ①X196

中国版本图书馆 CIP 数据核字（2019）第 246077 号

责任编辑：樊清玉　　　　　责任校对：胡永立
封面设计：陈宇琰

环境会计问题研究
HUANJING KUAIJI WENTI YANJIU
中国财政经济出版社 出版
URL：http：//www. cfeph. cn
E - mail：cfeph@ cfeph. cn

社址：北京市海淀区阜成路甲 28 号　邮政编码：100142
营销中心电话：010 - 88191522
天猫网店：中国财政经济出版社旗舰店
网址：https：//zgczjjcbs. tmall. com
北京财经印刷厂印刷　各地新华书店经销
成品尺寸：185mm×260mm　16 开　9. 75 印张　155 000 字
2019 年 12 月第 1 版　2019 年 12 月北京第 1 次印刷
定价：45. 00 元
ISBN 978 - 7 - 5095 - 9408 - 7
（图书出现印装问题，本社负责调换，电话：010 - 88190548）
本社质量投诉电话：010 - 88190744
打击盗版举报热线：010 - 88191661　QQ：2242791300

总　序

"中南财经政法大学'双一流'建设文库"是中南财经政法大学组织出版的系列学术丛书，是学校"双一流"建设的特色项目和重要学术成果的展现。

中南财经政法大学源起于1948年以邓小平为第一书记的中共中央中原局在挺进中原、解放全中国的革命烽烟中创建的中原大学。1953年，以中原大学财经学院、政法学院为基础，荟萃中南地区多所高等院校的财经、政法系科与学术精英，成立中南财经学院和中南政法学院。之后学校历经湖北大学、湖北财经专科学校、湖北财经学院、复建中南政法学院、中南财经大学的发展时期。2000年5月26日，同根同源的中南财经大学与中南政法学院合并组建"中南财经政法大学"，成为一所财经、政法"强强联合"的人文社科类高校。2005年，学校入选国家"211工程"重点建设高校；2011年，学校入选国家"985工程优势学科创新平台"项目重点建设高校；2017年，学校入选世界一流大学和一流学科（简称"双一流"）建设高校。70年来，中南财经政法大学与新中国同呼吸、共命运，奋勇投身于中华民族从自强独立走向民主富强的复兴征程，参与缔造了新中国高等财经、政法教育从创立到繁荣的学科历史。

"板凳要坐十年冷，文章不写一句空"，作为一所传承红色基因的人文社科大学，中南财经政法大学将范文澜和潘梓年等前贤们坚守的马克思主义革命学风和严谨务实的学术品格内化为学术文化基因。学校继承优良学术传统，深入推进师德师风建设，改革完善人才引育机制，营造风清气正的学术氛围，为人才辈出提供良好的学术环境。入选"双一流"建设高校，是党和国家对学校70年办学历史、办学成就和办学特色的充分认可。"中南大"人不忘初心，牢记使命，以立德树人为根本，以"中国特色、世界一流"为核心，坚持内涵发展，"双一流"建设取得显著进步：学科体系不断健全，人才体系初步成型，师资队伍不断壮大，研究水平和创新能力不断提高，现代大学治理体系不断完善，国际交流合作优化升级，综合实力和核心竞争力显著提升，为在 2048 年建校百年时，实现主干学科跻身世界一流学科行列的发展愿景打下了坚实根基。

"当代中国正经历着我国历史上最为广泛而深刻的社会变革，也正在进行着人类历史上最为宏大而独特的实践创新"，"这是一个需要理论而且一定能够产生理论的时代，这是一个需要思想而且一定能够产生思想的时代"①。坚持和发展中国特色社会主义，统筹推进"五位一体"总体布局和协调推进"四个全面"战略布局，实现"两个一百年"奋斗目标、实现中华民族伟大复兴的中国梦，需要构建中国特色哲学社会科学体系。市场经济就是法治经济，法学和经济学是哲学社会科学的重要支撑学科，是新时代构建中国特色哲学社会科学体系的着力点、着重点。法学与经济学交叉融合成为哲学社会科学创新发展的重要动力，也为塑造中国学术自主性提供了重大机遇。学校坚持财经政法融通的办学定位和学科学术发展战略，"双一流"建设以来，以"法与经济学科群"为引领，以构建中国特色法学和经济学学科、学术、话语体系为己任，立足新时代中国特色社会主义伟大实践，发掘中国传统经济思想、法律文化智慧，提炼中国经济发展与法治实践经验，推动马克思主义法学和经济学中国化、现代化、国际化，产出了一批高质量的研究成果，"中南财经政法大学'双一流'建设文库"即为其中部分学术成果的展现。

文库首批遴选、出版二百余册专著，以区域发展、长江经济带、"一带一路"、创新治理、中国经济发展、贸易冲突、全球治理、数字经济、文化传承、生态文明等十个主题系列呈现，通过问题导向、概念共享，探寻中华文明生生不息的内在复杂性与合理性，阐释新时代中国经济、法治成就与自信，展望人类命运共同体构建过程中所呈现的新生态体系，为解决全球经济、法治问题提供创新性思路和方案，进一步促进财经政法融合发展、范式更新。本文库的著者有德高望重的学科开拓者、奠基人，有风华正茂的学术带头人和领军人物，亦有崭露头角的青年一代，老中青学者秉持家国情怀，述学立论、建言献策，彰显"中南大"经世济民的学术底蕴和薪火相传的人才体系。放眼未来、走向世界，我们以习近平新时代中国特色社会主义思想为指导，砥砺前行，凝心聚

---

① 习近平：《在哲学社会科学工作座谈会上的讲话》，2016 年 5 月 17 日。

力推进"双一流"加快建设、特色建设、高质量建设，开创"中南学派"，以中国理论、中国实践引领法学和经济学研究的国际前沿，为世界经济发展、法治建设做出卓越贡献。为此，我们将积极回应社会发展出现的新问题、新趋势，不断推出新的主题系列，以增强文库的开放性和丰富性。

"中南财经政法大学'双一流'建设文库"的出版工作是一个系统工程，它的推进得到相关学院和出版单位的鼎力支持，学者们精益求精、数易其稿，付出极大辛劳。在此，我们向所有作者以及参与编纂工作的同志们致以诚挚的谢意！

因时间所囿，不妥之处还恳请广大读者和同行包涵、指正！

中南财经政法大学校长

目　录

一、21世纪的战争与和平
——会计控制、会计教育纵横论

引 言

战争与和平历来是一个内容极其广泛的社会性大课题，涉及这一命题范围的论说，一是重大政治问题；二是重大经济问题；三是重大军事问题。战争的导因也大体来自前两个方面，本文以此作为主体命题，其落脚点竟然放在现代会计控制与会计教育方面，不免会有小题大做之嫌，或许会被人视为哗众取宠之举。然而，笔者却不以此为虑，并一心一意朝着这个方向探索、讨论问题，由小及大，由微观到宏观，由涉及会计的一般性问题去探讨国家范围乃至世界范围的重大问题，并期望能有所收获。

1992年，美国首府华盛顿举行的"第七届国际会计会议"确定以《21世纪的会计教育——全球性挑战》作为大会研讨之主题，各国学者以宏伟的气势研究具有国际性的会计控制问题与会计教育问题，并高瞻远瞩地探索21世纪世界会计教育发展的大趋势。"物竞天择，适者生存"，现代会计面临着极为严峻的世界形势，客观上要求它必须通过改革适应外部环境的变化，以把握时机，迎接挑战，并在解决当代世界性重大问题中发挥重要作用。在20世纪，会计已具有跻身世界先进科学之林的能力，会计职业已步入伟大职业的行列，会计教育也在世界现代管理人才培养中发挥着举足轻重的作用，而会计学科也在世界学科群体中确立了自己的重要地位。为此，会计控制工作已受到联合国的关注、各国政府的重视乃至企业与公众的信赖、理解与支持。这便是20世纪会计学建设和会计工作与会计教育发展的历史性成就，也是世界会计学者、会计教育者与会计工作者在一个世纪中所作出的努力及其历史贡献。在此一百年间，为了世界会计事业的发展，国际会计教育与研究协会发挥了十分重要的作用，团结在它的旗帜之下，世界各国的会计教育者、会计工作者显示出强大的职业力量，这支强大的生力军，在世界各地发挥着重大作用，推动着世界会计事业与会计教育事业的发展，促进着世界各国、各地经济的昌盛繁荣。

当今，人类正处于新旧世纪转换时期，在此期间，万事万物的变化显得更为尖锐、突出与紧迫，经济全球化、区域化与集团化的发展大势已成定局，以全球性科技、经济开放与一体化为基本特征的"全球化"（Globalization）将成为未来世界经济发展的基本格局。这种历史性转折或曰划时代转折，使各国首脑、专家、企业家都感受到沉重的压力与负担，使世界上任何一个民族都体验到危机的存在。地球上数十亿人都同时经受着变革的考验，各行各业都在世界性挑战中审时度势、寻找对策，以求在势态变化中立于不败之地。在科学研究领域，自然科学家与社会科学家都在重新思考问题、研究问题，在多数学科相互渗透、融合和一体化发展趋向中，规划重建本学科的理论基础，改进本学科的理论结构，重新描述本学科的理论体系与方法体系。新世纪社会发展呼唤的最强音，把学者们研究问题的方向引到多角度的全球性问题的探索方面，人类社会与自然的日趋复杂、深化、尖锐的关系，日益膨胀、扩大和急剧变化的经济实体，使多角度、全方位研究问题成为未来各学科揭示世界奥秘的必然途径。人类社会一方面按照"科技—管理—经济"的循环机制组织超循环运转，追求经济的增长与经济效益的不断提高，而另一方面又同时存在着与这一发展机制相对立的增长约束机制，即"人—消耗—生态"所构成的社会性危机。这种社会发展机制与社会约束机制相互对立的局面已在 20 世纪形成，而将在 21 世纪进一步演变，其结果将可能决定 21 世纪的结局，因此，如何协调经济发展机制与经济约束机制之间的关系，如何正确处理经济发展与生态保护之间的关系，必将成为各学科相互结合，共同探讨的重大课题。正如苏联学者 B. A. 洛斯所指出的："在临近 21 世纪的时刻，人和社会的前景将取决于全球问题体系的科学分析和解决它们的实际措施是否有效和有效达到什么程度。"[①] 谁能有效地解决这一问题，便能获得处理新世纪政治、经济和军事问题的主动权，成为新世纪的强者。

会计的发展是人类文明进步的重要标志，在现代社会中，它的学术成就、教育成果与职业能力已强有力地影响到社会经济的各个方面，会计控制已成为

---

① B. A. 洛斯：《全球问题是综合科学研究的对象》，载《哲学问题》1985 年第 12 期。

保障现时社会与未来社会健康发展的重要力量，它既在实现企业经济效益和社会经济效益中发挥着重要作用，也在缓解或消除社会性危机中发挥着重要作用。在 21 世纪，无论人类是在处理"社会发展—生态环境"科学化、合理化事务中，还是在致力于"教育—科技—经济—和平"的系统建设工程中，会计控制的能动作用都必将得到全面发挥，会计控制的领域也必然在处理这一问题中得以发展，并将自身的发展推进到一个新的历史时期。围绕上述问题，本文将从以下五个方面展开研究：

（1）会计环境论——一个极其重要的理论问题。

（2）巨变中的会计环境——当代会计形势论。

（3）新世纪经济控制工作中的一个重大问题——会计控制战略、战术革新论。

（4）新世纪会计教育的历史使命——大会计教育建设论。

（5）最终申明的结论——会计控制、会计教育与"战争—和平"问题。

笔者确定的主题决定了所讨论问题的广泛性，它将远远超越 20 世纪会计的界域，对未来的会计世界作出较为具体的描述。这种以历史为基础，以现实为依据所作出的论述，其究竟有多大价值，它的一些结论是否能够成立，以及它向国际社会与世界会计学界所作出的建议是否值得考虑，这些问题自然有待历史的检验，留与世人评说。笔者也自然乐于听取来自各方面的意见，并欢迎各位参加讨论。

（一）会计环境论——一个极其重要的理论问题

1. 确立会计环境观与会计问题研究之必要

古往今来，凡天下大事之流演，世界格局之化合，乃至职业之兴衰，学科之演变，事业之起落，无不受环境的影响与支配，故环境问题之研究不仅从一般意义上讲十分重要，而且是任何一种理论研究的必经之地与深入展开研究之依据。当然，考察会计职业之兴起，会计学科之建设，以及论其发展变化的历史动因和时代特质，也必然要从环境问题研究入手，由此方能究其渊源，探明原理，洞察其本质，揭示其规律。

在以往的会计理论研究中，尽管有些论著也涉及会计环境方面的问题，甚至还有较大篇幅阐述，然而，学者们却始终未能把它作为会计理论结构中的重要组成部分对待。美国会计学家 A. C. 利特尔顿在其论著中把有关"环境"内容的一部分作为历史背景加以考察，而把它的另一部分内容放在"与其他学科的关系"方面进行研究①，但他始终未能把这一问题作为会计理论中一个统一的整体对待。美国华盛顿州立大学的埃尔登·S. 亨德里克森教授在《会计理论》一书中，围绕"环境性假说"问题作出了这样的描述："会计环境对会计的目标及根据逻辑导出的各种会计原则和规则有着直接的影响。但也不是社会的所有方面都与会计相关。"② 无疑，这一论断表现了作者的真知灼见。不过，作者在论及"环境情况的相关性"与"环境性假设"之时，却并未对会计环境的构成要素作出说明，而这一点却恰好是十分重要的理论问题。美国的另一位著名会计学者阿迈德·贝克奥伊在《会计理论》一书中也明确指出："对会计的现在和将来的评价，不仅依赖于会计技术，而且依赖于会计技术所导致的理论结构。"③ 可是，与许多学者一样，他在理论结构中却忽略了对会计环境要素的具体研究，而这一点正好是评价现时会计与未来会计的一个关键。事实表明，如果不从会计环境问题着手，对会计的现时与未来的揭示及作出的评价，非但不可能客观地、公正地与全面地做出结论，而且往往会造成评价偏差，使问题的揭示带有较大的片面性。

在西方的会计论著中，对会计环境问题有较为深入论述者，当推美国学者杰佛里·S. 阿潘和李·H. 瑞德堡教授，他们在《国际会计与跨国公司》一书中，围绕"环境对会计的影响"④ 有比较深入、具体的论述。两位教授以美国著名管理学者 R. 法玛和 B. 理西门有关环境对企业经营影响的四要素理论为依据⑤，把环境对会计的影响分为五个方面，即文化的相对性、教育因素、文化（文明）因素、法律和政治因素与经济因素。在他们的论述中，值得注意的观点主要集中在两个方面：（1）他们指出："在所有影响会计制度发展的环境因素中，经济因素是最有影响的因素。"⑥ （2）由于国家间的环境差异，可以清楚地看到会计制度的差异。"因此，在分析一个国家的会计制度时，必须考虑到所有的环境因素"⑦。可以讲，这是一个十分精辟的结论。不过，阿潘与瑞德堡两位教授对环境问题的论述依然存在着一定的片面性，还不能称其为系统的论述，

① A. C. 利特尔顿：《会计理论结构》，第一篇，第一章，中国商业出版社 1989 年版。
② 埃尔登·S. 亨德里克森：《会计理论》，第四章，立信会计图书用品社 1987 年版。
③ 阿迈德·贝克奥伊：《会计理论》，第四章，陕西人民出版社 1991 年版。
④⑥⑦ 杰佛里·S. 阿潘、李·H. 瑞德堡：《国际会计与跨国公司》，第二章，中国经济出版社 1988 年版。
⑤ R. 法玛和 B. 理西门在《国际会计的经营管理理论》一书中，把环境影响归纳为教育的、社会文化的、法律政治的与经济的四个方面。

尤其是由于他们并未对会计环境的概念作出认定，因而对于会计环境界域的确定还显得模糊不清，对于环境因素和对会计所产生的影响程度与范围的概括也还存在一定的片面性。本文所确立的"会计环境论"，旨在系统地阐述会计环境基本概念、基本构成与它们各自对会计所产生影响的程度，并表明会计环境理论在整个会计理论中的地位。

什么是会计环境？仅就环境的一般性概念而言，系指某一事物存在的客观条件与情况，这种客观条件和情况包括自然环境与社会环境两大方面。会计作为一门科学或作为一种职业均具有其特殊性。大而言之，会计是一种社会现象，具有社会科学与自然科学的两重属性；小而言之，会计又是一种文化现象，它是人类文明发展的基本标志之一或重要方面。从这一点出发，本文认为，所谓会计环境系指与会计产生、发展密切相关，并决定着会计思想、会计理论、会计组织、会计法制，以及会计工作发展水平的客观历史条件和特殊情况。考察某一历史阶段的会计环境是正确认识、评价这一历史阶段会计发展水平的客观标准，某一历史阶段会计发展的现状，始终受到这一历史阶段会计环境的促进与制约，会计环境得以改善，会计状况便相应得到改善；反之，如果会计环境恶化，会计的发展便必然受其影响。就人类社会发展的历史趋向而言，一般会计环境总是促使会计朝着进步的方向发生变化，或得到较大改善，或得到更大的改善，甚至是突飞猛进的变化。随着会计环境的不断改善，其结果必然会促使会计在各个方面不断发展与完善，并推动着人类的会计思想、会计行为向更高历史阶段发展。会计发展的历史告诉人们：会计环境的发展变化趋向，决定着人类会计发展的趋向，决定着人类会计发展的前途。对于会计环境发展变化规律的科学预测，通常使人们能够把握会计发展的历史规律与趋势。此外，从会计环境对会计的制约作用方面考察，人类社会发展几千年来的历史表明，一定历史阶段的会计环境制约着这一历史阶段人们的会计思想认识水平，而这一历史阶段的思想认识水平又制约着这一历史阶段的会计组织、会计法制、会计理论建设水平及其会计方法技术、会计工作水平。人类社会的会计发展既不可能超越某一历史阶段会计所处的历史环境，发生超前的会计思想与会计行为，但也绝不可能任凭落后的会计思想在新的历史阶段继续起支配作用。如果听任落后的会计思想束缚新历史阶段的会计工作，势必导致新历史阶段的会计工作失控，进而造成整个管理工作失控，最终导致整个经济失控，在经济上造成重大损失。这一点正是会计史学研究予以我们的重要启示，也是本文研究会计环境问题的基本出发点之一。

鉴于上述原因，本文认为，对于会计环境问题的研究是会计学理论建设与深化会计理论研究的一个重要方面，并且时代越是向新的阶段发展，对这一问题的研究便越显得重要。倘若缺乏正确的环境观念，缺乏对客观环境的正确认识与深入分析，那么，对会计理论问题的研究与对会计实务的改进便无法建立在科学的基础之上，会计失控或因会计失控带来的损失也便无法避免。

2. 构成会计环境的基本要素

如前述及，会计作为一门科学或作为一种职业均具有十分特殊的性质，它的社会科学属性与自然科学属性的表象几乎同样突出，它的职业关系与作用范围显示出比较复杂的政治、经济与文化背景，形成了错综复杂的政治的、经济的和文化的关系，使其在社会大环境影响之下，处在一个特别的位置之上。社会越是发展，其环境越复杂，其地位与作用便越显著、越重要，其影响也便越深远。会计的这种特殊性，决定了会计环境要素构成的特殊性，也决定了会计环境要素的多面性及其复杂性。这是在研究会计环境问题之前首先要明确的一个问题。

构成会计环境的基本要素可以分为两个基本方面，一个是会计环境的正面影响因素，另一个是会计环境的反面影响因素。正面影响因素是会计环境要素构成的主导方面，它对会计的影响作用，一是促进，二是制约，其作用均具有连续性与系统性；反面影响因素是会计环境构成中的特殊方面，其作用具有突发性和阶段性。从正面因素考察，人们可以揭示环境因素对会计影响的规律性，而从反面因素考察，人们又可以把握在特定历史阶段，环境因素对刺激会计发展所产生的特殊作用，而把以上两方面结合在一起考察，便可以科学地揭示会计的历史经验和教训与现时会计革新的方向，以及未来会计发展的历史趋势。

（1）构成会计环境的正面要素。正面环境要素主要包括社会经济，科学技术，社会文化、教育与社会政治、法律制度四个基本方面：

①社会经济发展水平。正如马克思指出的："过程越是按照社会的规模进行，越是失去纯粹个人的性质，作为对过程的控制和观念总结的簿记就越是必要。"① 这段话是对社会经济发展水平与会计发展水平之关系最本质的揭示。会计原本是社会经济发展到一定阶段的产物，从会计史学研究中对会计起源问题

---

① 马克思：《资本论》第二卷，第六章，人民出版社1975年版。

的揭示表明："社会生产是人类会计思想、会计行为产生的根本前提，没有人类生产行为的发生，便不可能有人类会计思想、会计行为的产生。"[①] 同时，一部会计发展史表明，经济越发展，经济关系越复杂，会计不仅越来越必要，而且越来越进步，其水平也越来越高。简单经济活动之下产生了简单的簿记制度与方法，复杂的经济活动则导致较为复杂的会计制度与方法产生，而会计组织、会计法制、会计理论与会计方法技术向更高历史阶段的发展，社会经济的发展则是最根本的历史动因。正因如此，本文把社会经济发展水平称为会计发展的第一历史环境或曰首要历史前提条件。

然而，社会经济发展水平却并非影响会计发展的唯一环境要素，也不是据以考察人类会计发展水平的唯一历史前提条件。如果人们把社会经济发展水平看作会计的唯一驱动因素，那么势必在会计基本理论问题研究中与会计实务改进方面产生极大的片面性，这是会计研究中应当注意的一个问题。在以往的许多论著中，都或轻或重地存在着"经济因素"绝对化的倾向，如研究成本的起源，只看到"成本是商品经济的产物"，而对于科学技术对成本产生的影响则视而不见；再如论及近代会计或现代会计发展的驱动因素时，也仅将其归结为"商品经济的发展"，尤其是在讨论现代会计问题时，学者们通常只注意社会经济发展对会计信息的需要，而往往忽视了对市场信息、科技信息的需求，忽视了现代经济管理中市场信息、科技信息与会计信息运用一体化发展的趋向，所以，本文认为，在会计理论与会计实务问题研究中，在树立社会经济发展水平为会计发展"第一历史环境"观念的同时，还应当注意克服"经济因素"影响绝对化的倾向。

②科学技术发展水平。科学技术发展水平是构成会计环境要素的另一重要方面，它对会计发展所产生的影响不仅是直接的、重要的，而且是日益突出和显著的。一方面，科学转化为技术，技术转化为生产力，强有力地推动着社会经济的发展，进而推动着会计的发展；另一方面，科学技术的发展又直接影响到会计控制领域，促使会计控制新领域的开拓，促使会计管理方式、方法和手段的改进，进而促使会计的社会地位日益提高。机器大工业时代到来之后的会计，其进步之所以远非手工业时代会计可比，其关键便在于科学技术进步所产生的强大驱动作用。在古代社会，"科技—经济""科技—会计"与"经济—会

---

① 郭道扬：《会计发展史纲》，第一讲，第一章，中央广播电视大学出版社 1984 年版。

计"这种密不可分的促进关系，其表象尚不明晰，因此，还不可能引起人们足够的重视。但至近代社会，科技控制、部门经济控制和会计控制其内向结合与外向综合已逐渐趋于一致，最终形成了"三位一体"和"并驾齐驱"的发展趋势①。尤其是 20 世纪 30 年代以来，世界进入新技术革命时期，随着高新技术的迅速发展，科技与经济发展的一体化格局形成，会计的发展便进入一个崭新的时代。在这个时代，在对社会经济工程的控制中，不仅科技控制、经济控制与会计控制"三位一体""并驾齐驱"的联合控制规律得到进一步巩固与发展，而且由于科技与经济朝着全球化、多元化和超大规模化的方向发展，从而相应带来了会计控制宏观化、全球化的发展趋向，"科技—经济"的联合促进作用，开辟了会计学术研究、会计控制工作发展的新纪元。因此，会计发展的科技环境应当引起人们的高度重视，应当从促进会计控制工作发展的科技动因研究中，探索会计改革的方向，认真研究会计发展的新规律和新的历史发展趋向。

③社会文化、教育发展水平。社会文化、教育发展水平是人类文明进步的重要标志，它对会计发展水平的影响也是直接的、深刻的。《国际会计与跨国公司》一书的作者在论及文化、教育对会计的影响时指出："百余种的文化因素影响到会计实务。"②"一个国家的教育特点对会计实务具有明显的影响。"③这种观点表明了社会文化与教育对于会计实务的发展具有直接而深刻的影响，并且这类影响中的文化因素内容十分广泛。不过，这部书的作者却把社会文化对会计实务最重要的影响归结为"社会的保守主义、保密、不信任和宿命论的程度，以及伴随着人们对企业经营和会计职业本身的看法和态度。"④这种仅从反面影响所作出的结论显然失之偏颇。人类思想意识乃至思想方式方面的问题固然与文化素质有着直接的关系，然而，影响人们思想状况的主要因素并非社会文化因素中的落后方面，文化与教育因素对会计发展的正面影响应当是主要的方面。本文认为，对会计发展水平有着直接和重要影响的文化内容应当包括语言、文字、书写工具、计量工具、数学、美术，以及社会文化中相关社会科学与自然科学诸方面。从教育方面讲，其影响因素应当包括对会计工作者、研究者基本素质产生的影响，这些主要表现在：第一，社会文化、教育发展水平决定着人类的会计思想水平和会计工作者的职业素质与职业道德素质；第二，它们也决

---

① 郭道扬：《现代会计发展的现状与趋势》，载《财会探索》1990 年第 1～2 期。
②③④ 杰佛里·S. 阿潘、李·H. 瑞德堡：《国际会计与跨国公司》，第二章，中国经济出版社 1988 年版。

定着人们对会计理论研究的深度、广度及其表达方式、方法、能力，进而决定着会计的科学性与运用水平；第三，社会文化发展水平还决定着会计学的传播、继承与发展。一言以蔽之，社会文化、教育的发展水平决定着人们对会计学科认识的深度与广度，进而决定着会计工作的水平与会计的社会地位。

④社会政治、法律制度的发展变化。这一环境要素对会计的发展有着居高临下的影响，这种影响甚至可以涉及会计实务处理的某些细节。严格来讲，世界上没有真正能够达到统一的会计，国与国之间由于制度与政策方面的差异，即使在会计制度建设相同的国家之间，也可以十分容易地找出它们在某些方面所存在的差异。一般来讲，这一环境要素对会计所产生的影响主要体现在以下三方面：

首先，社会政治制度的变革，决定着会计必将发生相适应的变革。这种变革集中表现在会计组织建设、会计法制建设、会计理论建设等方面，在这些方面的变革最终都必须符合一个国家政治制度变化的基本要求。

其次，国家的政治、经济体制变革，也决定着会计在相适应的方面必然发生变革。这种变革对会计的影响更加具体，不仅涉及会计基本理论的变化、会计控制范围和深度的变化，而且还影响到会计的方式、方法的变革。就中国的情形而言，单一计划经济体制下的会计与社会主义市场经济体制下的会计，便存在着根本的变化，前者是指令性计划的统一天下，而后者则强调计划与市场经济的有机结合，这种宏观层面的经济运行机制的转变，决定着企业经营运行机制的转变，进而也决定着会计控制运行机制的转变。事实表明，当今中国的承包经营责任制会计、租赁制会计以及股份制会计等，只有在社会主义市场经济体制下才有可能出现，它们与以往的单一计划经济体制下的企业会计是完全不同的。

最后，国家总政策和具体政策的变化，以及政策在执行过程中的反复，也从正反两方面影响到会计的变化。大而言之，国家发展国民经济的方针政策变化，必将影响到会计制度的变革；小而言之，诸如市场政策的变化，销售政策的变化，物价政策的变化，以及财政、税收政策的变化等，都将局部地或部分地影响到会计制度的调整和会计实务具体处理方法的变化。应当指出，当国家的经济政策制定与执行出现失误之时，政策性的反复也必将导致会计控制工作的反复，而会计控制工作的反复，便会导致会计失控，最终造成国家经济的失控。在中国，20 世纪 50 年代的"大跃进"时期与 60 年代至 70 年代的"文化大革命"时期都曾有过这样的教训。

总的来说，上述四大要素对会计所产生的影响，其作用力来自各个方面，有来自生产力和生产关系方面的影响，也有来自上层建筑、经济基础方面的影响；有来自四要素正面作用力的影响，也有来自它们反面作用力的影响。一般而言，在某一历史阶段，这四大会计环境要素综合发生作用的结果，在推动人类会计思想建设、组织建设、法制建设、理论建设、会计方法建设以及会计工作发展方面，或表现为局部的进步，或在某一方面出现重大突破，或在四大环境要素作用力发挥基本一致的情况下，促使会计的发展产生划时代的变化，出现会计发展史上的里程碑，推动会计由一个历史阶段进入新的历史阶段。当然，在某一历史阶段，这四大会计要素作用力的发挥并非一致，在某一些要素起促进作用的同时，可能会有另外的环境要素产生相反的作用，将束缚这一阶段会计的发展。这样，便会在特定的历史阶段，在会计发展方面出现新情况，产生新问题，向会计学界和会计实务界提出新的研究课题。这些新课题的研究与解决，最终付诸实施，又有效地推动会计学科与会计工作的发展。据此，可进一步得出两点结论：

其一，会计的正面环境要素决定着某一历史阶段会计发展的水平，它既是衡量这一历史阶段会计思想状况的重要标志，也是评价这一历史阶段会计工作状况的重要标志。

其二，会计的正面环境要素是确定会计历史划期的依据，通过它可以借以确定人类社会的会计已经经历的历史阶段、正在经历的历史阶段和即将进入的新的历史阶段；通过它可以评价某一国的会计工作所处的历史阶段，从而认定与他国相比之差距，作为推进本国会计改革的重要依据。

（2）构成会计环境的反面要素。在社会经济发展过程中，由于客观条件的变化与人为因素所造成的不良影响，会导致社会经济状况急剧恶化，最终在一地、一国造成重大损失，甚至会危及整个世界经济的发展。这种经济现象与社会现象的发生，也会直接或间接影响到会计的发展，成为促进或刺激会计发展的外部环境要素。这类会计环境要素对于会计发展所产生的影响，不是来自社会的正面，而是来自社会的反面。在这种情况下，一方面社会迫切需要会计工作者以"经济医生"的角色出现，在治理社会经济病症中发挥重要作用；另一方面，这种复杂的社会现象的出现，也使会计控制工作面临着许多新的问题，这些新问题的解决，既使会计在经济管理工作中为社会的发展再创业绩，也卓有成效地推动了自身的发展。所以，作者认为会计这种职业具有十分突出的职业特性，它既可顺应时代的潮流，在社会经济发展中获得相应发展，又能在社会经济处于困境之际，恰如其时、恰如其分地发挥作用，使社会经济状况从危难中摆脱出来。

构成会计环境的反面要素，从大的方面讲，包括经济危机与社会危机等方面，这两方面对会计的影响作用大，范围广，通常影响到会计发展的全局；就局部而言，则包括严重经济犯罪现象的发生和通货膨胀出现等方面，这些方面对会计所产生的影响有一定深度，通常促进会计制度与实务在某一方面得到改进。会计的反面环境要素对会计所产生的作用大都是直接的、与作用力相一致的，通常体现为促进作用而无制约作用。它使会计的能动作用得以发挥，通过会计控制工作使恶劣的环境向好的方面转化，并在发挥能动作用中求得自身的发展，使会计的社会贡献与会计自身的发展统一起来。

会计以精确的计量为核算的总原则，以此确保会计信息的质量和切实、可靠、可信性。在 20 世纪 70 年代，当通货膨胀现象在世界范围内骤然加剧之时，对会计信息计量的冲击迫使会计学界不得不深入开展对这一问题的研究，以寻求对策，确保会计信息的质量。经过 10 多年的努力，至 80 年代大体取得了两大方面的成果：一方面，促使会计学界完成了《通货膨胀会计学》的建设与其后内容不断充实、对问题的揭示更为深刻的《物价变动会计学》的建设[1]，较为突出地发展了会计理论与会计实务；另一方面，又有效地促进了会计制度建设的发展。1979 年 9 月，美国财务会计准则委员会颁布了《第 33 号财务会计准则公告——财务报告与物价变动》[2]，同时，国际会计准则委员会也作出了相应反应，分别于 1978 年 1 月和 1981 年 11 月，发布了第 6 号、第 15 号国际会计准则[3]。其后，其他国家也相应制定了类似的会计准则。会计领域对这一问题的妥善处理，解除了企业管理中在相当长的时期内所存在的困惑与不安，会计工作既适应了物价频繁变动的环境，也同时改造了这一环境，使本职工作取得新的进展。同样，随着经济犯罪日趋严重，会计逐步肩负起清查、治理经济犯罪行为这一历史使命，围绕清查、防范、治理经济犯罪行为问题的研究，不仅陆续建立了会计检查制度、审计制度与有关会计、审计法令，而且极大地丰富和发展了会计学、查账学、会计检查，以及使审计学逐渐成为会计学科中的重要组

---

① 曲晓辉：《论物价变动会计》，前言部分与第一章，中国财政经济出版社 1991 年版。
②③ 弗雷德里克·D. S. 乔伊、格哈特·G. 米勒：《国际会计》，第五章，立信会计图书用品社 1988 年版。

成部分。

自 20 世纪以来，从世界一些国家周期性出现的经济危机现象中，人们可以更清楚地看到会计环境中的反面要素对于会计发展所产生的更为深刻的影响。1929 年，美国发生了一场史无前例的经济大危机，当时股票市场上股价暴跌，那些"20 年代后期繁荣之际争购股票，以求利益的千千万万人被洗劫一空。……那时候，愤怒的公众将一切怨恨都倾注到投资的银行家和那些丧失股票价值的公司身上，在一定程度上也倾注到审查这些公司财务报表的会计师身上。"① 不久，这场危机如同瘟疫一般蔓延开来，并一直持续到 1933 年。在此期间，无数企业破产、银行倒闭、商品焚毁，市场极度萧条，美国的国民经济几乎步入崩溃的绝境。到 1933 年，全美工业开工率仅达 42%，工业生产水平倒退到 1905 年，五年之间先后有 13 万家企业倒闭，失业人数达到 1300 万左右②。在这个非常的时期，许多职业因遭受牵连而陷入困境之中，而会计职业却在社会的呼唤中显得更加兴旺发达。那时候，会计师成为政府、企业的座上客，千百万人向他们伸出求助之手，而他们也毅然肩负起社会的重任，在破产清理、市场整顿、企业经济恢复咨询、政府财政状况改善咨询，以及拯救整个社会经济中发挥了极其重要的作用。1929 年，面对股票市场瓦解的悲惨局面，"美国会计师协会成立了一个特别委员会从事会计准则研究。1932 年该委员会发布了它的研究报告：《会计的基本准则》。"③ 该委员会还直接向纽约股票交易所建议："股票上市公司的审计说明书应该指出财务报告的编制是否符合'公认会计准则'"④。这个建议性文件不仅在当时产生了很大影响，而且对于后来会计准则的建设一直起到重要作用。此外，当时会计师和会计学者们还在确定两个重要经济法制文件——《证券法》（Securities Act，1993）、《证券交易法》（Securities Exchange Act，1993）中发挥了重要作用，如当时的"纽约州注册会计公共会计师协会主席阿瑟·卡特，作为哈斯—塞尔斯公司的常务合伙人与国会通力合作，向国会提供了大量的证据资料，使国会顺利通过了 1993 年证券法和 1934 年证券交易法"⑤，这两个法律文件的颁布与会计准则建设工作的开展，不仅在拯救当时美国经济中发挥了极其重要的作用，显示了会计、审计工作强有力的社会建设能力，而且有效地促进了会计、审计自身的建设。一方面，从此会计与审计

---

① John L. Carey. Early Encounters Between CPAs and the SEC. The Accounting Historians Journal. Vol. 6. No. 1.

② W. W. Coorer，Yull Ijirj. 1983. Kohler's Dictionary for Accountants. Prentice – Hall.

③④⑤ J. Michael Cook. 1985. The AICPA at 100：Public Trust and Professional Pride. Journal of Accountancy. Vol. 163 Issue5. P. 370 – 379.

结束了放任性工作的历史，进入规范化工作阶段；另一方面，通过会计、审计准则建设，又促进了会计、审计理论的发展，把会计、审计理论的发展推进到新的历史阶段。此外，由于受托方责任范围扩大与受托经济责任的社会化、法定化，又促进了会计教育事业的发展，使会计工作者的专业素质和职业道德素质得到普遍提高。如果说在这场经济危机中由于某些表面原因，使公众也迁怒会计工作者的话，那么，在挽救这场经济危机的奋斗过程中，通过会计职业能力的显示与会计师们显著的工作成效，又消除了公众由于误解而产生的怨恨情绪，从而树立了会计职业的光辉形象。正是从这个时候起，会计师们已肩负起社会责任，受到国家、企业和公众三方面的重托，使自己的职业跻身于世界伟大的职业之中。

综合考察会计环境问题，以下几个基本要点值得加以注意：

第一，会计环境问题是会计学基础理论的组成部分，它对于研究其他会计理论问题具有实证作用，任何会计理论的研究和对任何一项会计实务历史渊源关系的揭示都不可以脱离对会计环境的考察与分析。

第二，会计环境是衡量会计先进性的重要依据。随着会计环境的变化，一度对会计工作起支配作用的会计先进思想，如果不能顺应会计环境的变化适时发生转变，便会由先进转变为落后，甚至在会计发展中产生反作用。因此，接受新事物、研究新问题，适时完成思想转变，始终保持会计思想的先进性，是会计学者、会计工作者和会计教育者重要的历史使命。

第三，对于一代会计学者、会计工作者与会计教育者来讲，会计环境发生重大变化，既是历史性的机遇，又是历史性的挑战，而把握历史机遇，抓住环境转变中的关键问题，认准会计改革的大方向，方能迎接挑战，实现会计发展过程中从一个历史阶段向一个新的历史阶段的飞跃。

20 世纪以来，世界正处在巨变之中，百业革新待举，万象情状更新，由"科技—经济"高度结合所形成的新环境圈，使会计环境空前复杂化。在科技与经济发展的高潮中随时会出现新的转折，而在新的转折中又随时会出现新的高潮，可谓高潮迭起，变化陡然，转换频繁。加之，在世界经济发展中已深深地潜伏着危机，而形形色色的危机又已严重威胁着世界经济、国家经济的持续发展。可见，当今认真研究现代会计所面临环境的变化趋向、变化特点，以及这些变化所带来的问题，又是现代会计学者、会计工作者和会计教育者所面临的并必须深刻认识的重大课题。

（二）巨变中的会计环境——当代会计形势论

美国的社会预测学家约翰·奈斯比特（John Naisbitt）曾指出："预测未来最好的方法就是了解现在"[1]，为此，他在另一部著作中把通向 21 世纪入口的第一要素归结为"繁荣的 90 年代世界经济"[2]。世界已由工业社会进展到信息社会，而在信息社会发展之中，世纪的转换又将造就出一个阶段性的结局。自然，在此期间表现在科学、技术、经济以及文化诸方面的变化分外突出。纵观大千世界的变化，人们几乎发出一致的呼声：当今世界形势极为严峻！不言而喻，现代会计所面临的形势亦极为严峻。未来会计的发展变化受到当今形势发展的支配，要确定未来世纪会计改革的大方向，首先必须深入剖析与深刻认识当今处于巨变中的会计环境，以认清形势，采取对策，"大道之所悟，志在必所取"。

综合考察 20 世纪末与 21 世纪会计环境构成中诸要素之变化，本文把会计所面临的形势概括为"两大发展，四大危机"。正如学者们所指出的，对于现代会计问题之研究，必须顺应时代潮流，要把视野放在自然科学与社会科学的结合点上，去探求、去实践，从自然科学、社会科学之间的统一，以及它们内部各科学之间的结合、交叉，从不同的层次与不同方位上，探讨科学技术与经济、政治、意识形态、生活方式的广泛联系和相互作用。本文分析现代会计所面临的形势，正是以全球性的社会问题为广阔背景，从揭示"科学—技术—经济—管理"之间的关系着手，研究与会计相关的本质问题，最终达到揭示本文所要研究的主题问题的目的。

1. 两大发展

专家们确认，新技术革命或曰现代技术革命始于 20 世纪三四十年代[3]，到 20 世纪 90 年代，这场革命的发展已出现前所未有的崭新局面[4]。自 20 世纪 40 年代开始，"三大"（指大科学、大工程、大企业）发展势态的出现，"使科学研究和生产的规模达到了前所未有的高度，开始了科学社会化、技术社会化、

---

[1]　约翰·奈斯比特：《大趋势——改变我们生活的十个新方向》，前言部分，中国社会科学出版社 1984 年版。
[2]　约翰·奈斯比特、帕特里夏·阿伯丁：《2000 年大趋势》，前言部分，经济日报出版社 1990 年版。
[3]　郑积源：《现代技术革命发展初探》，载《科技日报》1987 年 1 月 12 日。
[4]　夏至：《技术改造与技术进步的战略思考》，载《未来与发展》1989 年第 10 期。

管理社会化、教育社会化以及生产社会化的新阶段。"① 综合研究中外专家半个多世纪以来对科技、经济与管理发展状况的描述与评论，结合对现代会计发展起主导作用的正面环境分析，本文所讲的两大发展：一是指大科学、高技术的发展；二是指大经济的发展。

"大科学观是本时代的第一大观念"，是"支柱性观念"②。1962 年，美国耶鲁大学科学史教授 D. 普赖斯通过研究提出科学的发展呈指数曲线增长的规律，首次使用了"大科学"这一概念。人们以技术的科学化与科学的技术化这一发展势态作为衡量标准，公然宣称具有国际性的"大科学"时代的到来。大科学最本质的特征在于：首先，大科学反映了科学领域里的三个"一体化"，即自然科学与社会科学的一体化、科学研究和技术开发运用一体化与科技控制及经济控制一体化。"20 世纪科学的突出进展宣告了几百年形成的学科专业化时代的结束。学科交叉、综合已成为不可阻挡的巨大潮流，冲击着旧的科学文化格局。"③围绕对现代科技控制和经济控制中所产生的一系列新课题的研究与解决，自然科学与社会科学必将在渗透、汇流与综合中缔结联盟关系④，以协调发挥其社会功能。这种高度分化与高度综合平行发展的特质，"尤其在科学向宏观、中观和微观几个层次进军相遇之时，科学终于在统一的世界面前显示出一体化发展的势头。"⑤往后，这种科学汇流、渗透、交叉、综合与相互长入的势态将日益突出、日趋深化，故学者们断言："21 世纪将是自然科学和社会科学统一的世纪。"⑥ 这种客观实在已向人们通报了一个真理，当今任何一个国家要在经济方面得到持续发展，不仅要注重发挥硬科学的作用，而且必须同时注重发挥软科学的作用，以切实解决管理和决策方面的问题⑦，尤其是要注重发挥软科学在解决宏观经济空间布局、时间序列建设规模以及在具体工程控制中的作用⑧。在现代社会，国家经济、世界经济的运行都必须采取"两大车轮，三套锣鼓"的格局，只有科技控制与经济控制双管齐下、齐头并进，只有同时敲响教育、科技与经济管理这三套锣鼓，方能使国家经济、世界经济走上兴旺发达之路。倘若偏重于某一方面，便会自陷于矛盾之中，求其发展而不得发展。如前述及"现

---

① 朱锋、王丹若：《领导者的外脑——当代西方思想库》，第一章，浙江人民出版社 1990 年版。
②⑤ 宋毅：《试论大科学观念》，载《科学与科学技术管理》1986 年第 6 期。
③ 张焘：《自然科学与社会科学的综合及复杂性科学》，载《新华文摘》1996 年第 6 期。
④ 孙小礼：《交叉科学时代与自然科学和社会科学的联盟》，载《哲学研究》1991 年第 3 期。
⑥ 沈小峰、王德胜：《自然科学和社会科学统一的趋势和问题》，载《新华文摘》1986 年第 7 期。
⑦ 钱学森：《软科学是新兴的科学技术》，载《红旗》1986 年第 17 期。
⑧ 杨纪珂：《软科学如何为振兴中华服务》，载《安徽日报》1986 年 8 月 25 日。

代科技、现代经济控制科学与现代会计已呈三位一体的发展趋势"，正是从上述观点出发，对现代会计控制在现代管理工作中的地位与作用所作的基本估价。当今，一个国家如果不把会计控制摆在它应当占据的重要位置之上，如果忽视它在整个经济管理系统中的重要作用，整个国家经济的失控便不可避免。其次，所谓大科学，是指纵向、横向和时向三个基本方面全方位发展的科学①。在自然科学与社会科学一体化的发展趋向中，一方面是科学技术大系统的形成，并从纵向方位与经济活动、经济管理活动逐步实现一体化；另一方面，自然科学的各门类和社会科学各门类与两者相互渗透、相互融合、相互长入所形成的边缘科学、交叉科学、横向科学以及综合性科学构成纵横有序的科学网络，并伴随着时空的变化而不断产生、不断更替着科学群体的前沿系列。现代会计在自然科学与社会科学两大科学系列的渗透、融合与相互长入中，更为突出地显示出交叉科学和综合性科学的诸种特性，在大科学发展的深刻影响之下，促使现代会计科学与技术发生了前所未有的转变：一则，它使现代会计彻底摆脱被动控制状态而转变为主动控制，从以往的单项式控制转变为多项式控制，从而把事前、事中与事后的控制结合为一个整体。现代会计科学的控制对象，"触及一切经济领域，涉及经济活动的全过程，并作用于各个经济环节。它的控制功能是日趋强化的，它的控制范围是逐步扩展的，其控制内容亦日趋深化"。② 二则，它促使现代会计控制由直线平面式向立体式控制转化，由封闭式控制向开放式控制转变。通过改革所完成的这一转变，不仅完善了微观会计的控制体系，促使微观会计宏观化，而且在各个经济层次确定了会计的宏观、中观控制目标。三则，它促使现代会计时空序列管理观的确立，在各经济层次有效地把过去的控制与现时、未来的控制结合在一起。一方面，通过认定历史循环中的基本经验，揭示历史反复过程中的教训，认真研究现时经济活动运行规律，以正确组织当前的会计控制工作；另一方面，在深入研究历史发展继承性与延续性规律的基础上，科学预测社会经济、会计控制工作发展的大趋势。总而言之，大科学时代的到来，造就了现代大会计的控制领域，促使现代会计控制科学与技术步入全方位控制时代。从这一点出发，应当确信 21 世纪将是强化会计宏观控制作用的时代，将是实现会计全方位控制的时代。

如前述及，大科学观把科学与技术的发展看作一个整体运动的过程，科学

---

① 上海铁道学院管理科学研究所等：《大经济，大科学》，第一章，上海交通大学出版社 1985 年版。
② 郭道扬：《现代会计发展的现状及趋势》，载《财会探索》1990 年第 3 期。

的发展必将技术化，而技术的发展也必将科学化，因此，在大科学到来的同时，世界必将宣告高新技术时代的到来。事实已经表明，大科学的发展造就了高技术，而高技术的发展又反过来推动了大科学的发展。这正是当今之世界科技发展相辅而行，齐头并进的运行规律。

所谓高新技术是与以往的技术相比较而言的，传统技术是指"钢铁、汽车、有机化学、纺织、有色金属以及纸浆和造纸工业技术。"① 关于当今高新技术发展的总体格局，学术界已有了比较一致的认识，一般把高新技术群体的内容确定为"信息技术、生物技术、新材料技术、新能源技术、空间技术、海洋开发技术"② 六大领域。在六大领域中，处于核心地位的技术是电子、新材料和生物工程，这三项常被人们称为"高技术三家"③。就中国的情形而言，1991 年 3 月，国务院批准了国家科委所制定的《国家高新技术产业开发区高新技术企业认定条件和办法》，在这个办法中，国家科委从科学与技术一体化出发，所确定的高新技术范围是："微电子科学和电子信息技术，空间科学和航空航天技术，光电子科学和光机电一体化技术，生命科学和生物工程技术，材料科学和新材料技术，能源科学和新能源、高效节能技术，生态科学和环境保护技术，地球科学和海洋工程技术，基本物质科学和辐射技术，医药科学和生物医学工程以及其他在传统产业基础上应用的新工艺、新技术。"④ 这便是当今正向高、精、尖方向发展的高新技术群体，它集中体现了科技一体化发展的基本规律。在 20 世纪 90 年代，"高技术正处于从'幼年期'向'壮年期'的转变"⑤。而在 21 世纪上半叶，高技术的发展将进入高潮时期，那将是"用电子技术、生物技术和新材料技术这三大领域的发展带动的"⑥ 新技术革命的全面发展时期。

大科学的发展，不仅实现了科技一体化，而且逐步形成了科技、经济与社会发展的协同关系，科学技术产业化是其中最本质的特征。故专家们认为："最重要的横向联系是科技与经济的联系。"⑦ 科技与经济之密切结合，是当今世界万事万物运行中最关键的结合，也是当今世界任何一个国家"富民强民"必取之道和必然之举。这是因为"高新技术的发展将开拓出一系列具有巨大经济潜

① 大前健一：《鼎势之争——未来全球商业竞争格局》，第一部分，中国经济出版社 1987 年版。
② 任国钧：《向新科技革命进军》，载《人民日报》1991 年 5 月 2 日。
③ 小丘：《新技术发展的五在趋势》，载《自然辩证法报》1989 年第 16 期。
④ 新华社：《国务院批准——高新技术企业认定条件和办法》，载《人民日报》1991 年 3 月 20 日。
⑤ 朱丽兰：《90 年代世界高技术发展的特点》，载《科技进步与对策》1990 年第 5 期。
⑥ 杨沛霆：《当今世界形势对科技发展的影响》，载《科学学与科学技术管理》1990 年第 9 期。
⑦ 张永谦：《论科技界的横向联系》，载《科学学与科学技术管理》1986 年第 6 期。

力的新领域。"① 只有获得高新技术的发展，才能造就高新技术的产业群体，进而方能卓有成效地改变发展国民经济的产业结构，形成以高新技术产业发展为核心，以传统产业改造为重点，使高新技术产业与传统产业协调发展的新格局，以期最终实现国民经济的总体经济效益。正是从这一点出发，专家们指出："科技实力已成为当今衡量一个国家综合国力的重要砝码，谁具有高科技优势，谁就是将占有政治、经济、军事发展的主动权。"② 可以说，这是当前摆在我们面前最为严峻的现实问题。

研究者们预测："21 世纪前叶的新技术的应用范围大都横跨材料、能源、信息等多种基本产业部门，从而形成内涵十分丰富的新技术产业群。"③ 而 21 世纪的产业文明将会突破陆地产业文明的界域，"在陆地、海洋和宇宙空间'全方位'地展开。"④不过，在人们重视科技和经济之间密切关系与注意把握"科技—经济"之间循环规律的同时，还必须关注"科技—经济—管理"之间的关系及其循环规律，"发展高新技术离不开管理现代化……高新技术的发展为管理现代化提供必需的手段，创造先进的物质基础；管理现代化则是发展高技术的支撑条件和社会保障。"⑤ 高新技术的发展使产业关系趋于复杂化，进而促使整个经济复杂化，这种情形使经济管理问题越发突出。从会计控制方面考察，高新技术的发展对于强化会计控制的要求可概括为下述几方面：

其一，从微观方面讲，高新技术产业的发展将使生产、经营朝着高速、高效、高质量与低消耗方向发展，在缩短劳动时间、减轻劳动强度、提高生产率与质量、增加花色品种、加速产品更新换代以及降低产品成本等方面，同时产生突出的经济发展效应和社会发展效应。在 1960 年，一个晶体管的成本大约为 10 美元，而现在的成本只有零点几美分。这种情况还将在这方面和其他方面继续发生下去。"据日本专家估算，如果把电子信息技术引入整个生产过程，可使能源、资源等有形物质的利用率提高 100 倍左右。"⑥ 此外，新的生产设备和新的生物品种、新的物质合成以及新材料的更替，将迅速改变着产品的花色、品种及其质量。可见，高新技术产生的效应强有力地影响着企业和社会经济效益的各构成因素，产品品种、数量、质量、成本与利润都将随着高新技术的应用

---

① 应兴国：《世界发展的新潮流——高技术》，载《科学画报》1986 年第 5 期。
② 刘沙路：《863 高技术研究计划》，载《新华文摘》1990 年第 10 期。
③④ 冯昭奎：《展望 21 世纪前叶的新兴技术产业》，载《未来与发展》1988 年第 1、2 期。
⑤ 孙毓彦：《发展高技术与管理现代化》，载《管理现代化》1990 年第 5 期。
⑥ 夏至：《技术改造与技术进步的战略思考》，载《未来与发展》1989 年第 10 期。

效果发生突出变化，这些对于企业会计的组织制度、会计控制过程、会计控制方法以及财务管理领域的各个方面都将产生不同程度的冲击，高新技术与高新技术产业的发展，必将促使微观会计控制改革全面展开。

其二，从宏观方面考察，由于高技术的发展导致发生"四化一转移"（即国际化、民用化、一体化、综合化和由提高国威向增强国力的转移）[1] 的变化，必将造就规模宏大的国际型产业群体和大型、超大型的国际性合作工程，以及促使各国产业必然走上集团化的道路。这样，在国防范围和国家范围展开的经济巨人之间的错综复杂的竞争局面也必将迅速形成，高新技术所造就的以巨型产业为主干的新产业结构，一方面表现为巨大的产业群体，另一方面则是日趋精细、精美和微型的产品，两者从不同的角度促使生产过程、工艺过程、管理过程以及会计控制过程复杂化。规模宏大的国际化的产业群体，必将促使现代会计控制突破微观经济界域，把中观经济和宏观经济纳入控制之列并在其中发挥重要作用。当然，应当明确，高新技术通过基础研究、应用研究与技术开发运作过程，其目标在于实现产业现代化、商品经营现代化，而高新技术产业发展又以国际与国内两大市场为目标，并在其间构建合理的纵深配置关系，使国内经济与国际经济发展相协调。这样，随着高新技术产业逐步走上国际化的道路，便逐步把国内市场与国际市场统一起来，形成一体化的规模宏大的市场经济，由此便导致大经济的产生。

大科学、高技术的发展，彻底改变了社会经济运转的格局，使经济的内涵也相应发生了深刻的变化。现代化大经济已非旧日人们观念上的部门经济，亦非个别的、分散的生产、经营活动，它要求人们从一体化与社会化的角度重新认识当代经济的本质特征。首先，现代化大经济是"三化"形态的经济，即系统化经济、信息化经济和科学化经济[2]，它通过建立科学的系统组织经济活动，通过市场信息、科技信息与会计信息的结合应用作为控制经济活动的依据，并始终按照科学规范的要求组织经济活动；其次，现代化大经济系由十个基本环节组合而成的，处于动态状况的、周而复始超循环运转的一体化组织体系。这个体系以市场调研作为组织经济活动循环运转的起点；以预测规划为依据；以科学研究为关键工作环节；以技术开发为动力；以产品试制、试销为组织大经济运转的第一转折点；以工厂生产为基础；以储存运输为组织大经济运转的第

---

① 孙毓彦：《发展高技术与管理现代化》，载《管理现代化》1990 年第 5 期。

② 上海铁道学院管理科学研究所等：《大经济，大科学》，第一章，上海交通大学出版社 1985 年版。

二转折点；以商品经营为中介；以市场服务为生产、经营活动的落脚点；而最后又以市场信息反馈作为组织大经济循环运转的交接点，即前一循环运转的终点，下一循环运转的起点①。在每一循环运转过程中，均体现出三个一体化，即科技、生产经营与管理一体化，生产、储运与商品经营一体化，市场信息、科技信息与会计信息应用一体化。正如笔者在《走向宏观经济世界的现代会计》一文中所指出的："这种大经济运转已打破了传统相分离的各部门的经济界线，使其融合为有机的一体，形成一个动态机制，发挥着大系统总体运转的功能。"②而且这种大经济循环运动并非简单的重复，它的运动方向始终表现为循环运动中的推进发展。前一循环是后一循环的基础，而后一循环则是前一循环运动的进一步发展，所以，本文认为，现代大经济运行始终处于超循环运转状态。

其三，大经济发展的主要表现形式之一是大科学、高新技术推动之下所形成的大型或超大型的经济联合实体。从早期形成的经济联合实体组织形式考察，据说"最早的跨国公司福格斯公司在 15 世纪初期便在许多欧洲国家建立起来。"③ 一些国内的集团化公司，如仍然在现代社会中存在的托拉斯（Trust）式集团公司、辛迪加（Syndicate）式集团公司以及康采恩（Konzern）式集团公司，它们的早期组织形式比一般跨国性公司组织形式产生还要早。然而，无论是国家范围的集团化公司，还是国际范围的集团化公司，它们的发展完善和取得高速发展却都是 20 世纪 50 年代以后的事，尤其是 70 年代末至 80 年代，在大科学、高技术发展的推动之下，它们已经成为具有现代化大企业特征的经济联合实体。"多国公司（也称多国企业或跨国公司）已成为当代世界经济扩展中最主要的旗手。"④ 它们在高速走向世界的过程中，已"取得了令人瞩目的成功，……世界上许多最大的经济单位并不是国家，而是公司"。⑤ 如美国的埃克森公司（Exxon Corporation），被西方世界称为"一个日不落的石油帝国，它的子公司达 500 家，遍布于 100 多个国家。"⑥ 其年销售额一度突破 1000 亿美元。据 1979 年统计，该公司和美国通用汽车公司的年销售总量已超过当时奥地利、沙特阿拉伯、阿根廷和丹麦的国民生产总值⑦。埃克森公司 1984 年的销售额，又相当于马来西亚、

---

① 上海铁道学院管理科学研究所等：《大经济，大科学》，第一章，上海交通大学出版社 1985 年版。
② 郭道扬：《走向宏观经济世界的现代会计》，载《会计学家》1990 年第 1 期。
③ 田志立：《全球开放论》，第一章，东方出版社 1990 年版。
④ 乔伊、米勒：《国际会计》，第一章，立信会计图书用品社 1988 年版。
⑤⑦ James Lee Ray. 1983. Global Politics Houghton Mifflin Company. p. 1348 – 1350.
⑥ 郑伟民等：《西方 100 家巨型跨国公司》，第一部分，中国财政经济出版社 1987 年版。

新加坡、泰国和菲律宾四国的国民生产总值之和①。所以，可以说，20 世纪末世界经济已进入跨国公司统治的时代。目前，西方发达国家的跨国公司已经超过一万家，它们的子公司在 80 年代初已达到 10 万家左右②。"1971 年世界上 50 个最大的经济实体中将近 20% 是跨国公司；在最大的 100 个公司中，将近 40% 是跨国公司，但是，它们现在所担任的角色的重要性已远远超过了整个国际经济交往历史中任何一个时期。"③1980 年，销售额在 20 亿美元以上的工业跨国公司就有 382 家，其国外销售额达 27386.3 亿美元，雇工总数为 2500 万人，纯收入约 1000 亿美元④，其规模与经营范围日益扩大。此外，第三世界的跨国公司也处在发展之中，而且已具有相当大的发展潜力，"20 世纪 70 年代以来，世界上盛行 21 世纪将是太平洋世纪之说"⑤ 或曰："21 世纪中叶将是太平洋历史的转折点。"⑥ 其中，这个地区发展中国家跨国公司崛起，以及经济发展实力的增强便是立论的重要依据之一。1991 年 3 月，在中国企业集团工作会议上，国务院已把组建 100 个左右的企业集团作为发展经济的一项重要任务，以适应我国未来经济的发展。从当前跨国公司发展趋势中已完全可以预见，21 世纪将是跨国公司主宰世界经济的世纪，这些越来越庞大的经济实体，牵系着一国与多国的经济命脉，影响着经济世界乃至政治世界的风云变幻，并在激烈的竞争中不断改变着世界的经济格局与经济发展的支撑点。它们在谋求联合中强化经济实力，又在激烈竞争中实现进一步的联合，并通过兼并淘汰弱者，组合成新的经济实体。未来公司跨国化发展在性质方面也将继续发生变化，一方面是垄断型跨国公司的发展，另一方面则是合作型跨国公司的发展⑦。同时，一个跨国公司作为一个独立的"经济王国"的特征越来越突出，一方面是综合性经济实体的巨型化，另一方面则是这个机体内部与外部关系的复杂化，这种情形使管理的时空差距也便越来越大。在外部环境急剧变化的情况下，这类企业的生命延续和实力的扩展便完全依赖科技发展与不断进行管理改革这两个基本方面。

当今，另一个很"值得注意的经济关系因素是正式的地区经济集团"⑧和多国区域性集团化经济的发展势态。经济区域集团发展的最本质的特征是在经济

---

①②③ 黄学忠：《现代企业发展趋势》，第二章，中国展望出版社 1987 年版。
④ 冯特君：《当代世界经济与政治》，第三章，北京师范学院出版社 1987 年版。
⑤ 裴默农：《21 世纪：太平洋世纪？——亚太地区经济透视》，世界知识出版社 1989 年版。此外，近期在墨西哥召开的太平洋盆地经济理事会第 24 届会议也指出："21 世纪将成为太平洋世纪"，载《人民日报》1991 年 6 月 6 日。
⑥ 裴默农：《21 世纪：太平洋世纪？——亚太地区经济透视》，世界知识出版社 1989 年版。
⑦⑧ 程玲珠、路耀兵：《跨国性联盟发展趋势及特点》，载《人民日报》1991 年 8 月 2 日。

区域范围内完全实现政治、经济制度的一体化，在对外方面实现政治、经济战略的一致性，尤其是在市场的统一方面力求形成坚固的经济壁垒。从经济发达国家方面讲，欧洲经济共同体（EEC）是较早建立起来的经济区域集团的一个典范，尤其是近年来，它的12个成员国已取得一致意见，自1992年起将建立起欧洲统一的大市场，并将按照预定目标"在欧共体12国内建立一个商品、人员、劳务和资本自由流通的市场。"① 根据欧共体1990年11月就增值税问题所签订的一项过渡性方案，将"从1993年1月1日起，取消成员国间的海关手续和过境检查。"②此外，欧共体在建立经济与货币联盟方面也取得了实质性进展。欧共体经济一体化向深度和广度方面的进展，对世界区域性经济集团的发展产生了深远的影响。

另一个引人注目的区域性经济集团是继1989年元月"北美自由贸易区"的创建和近年来向"美洲经济圈"的发展，预计"北美大陆将可能在1993年形成一个以美国为中心的自由贸易区，并为北美最终实现'经济共同市场'铺平道路。"③ 从发展中国家方面讲，拉美一体化已在进展之中，自20世纪50、60年代建立拉美自由贸易区协会、安第斯条约组织、中美洲共同市场和加勒比自由贸易协会以来，历年均有改善。1973年建立加勒比共同体和共同市场，以取代原加勒比自由贸易协会；1975年10月，根据《巴拿马协议》建立了拉丁美洲经济体系；1981年3月又以建立拉丁美洲一体化协会取代拉丁美洲自由贸易协会。近年来，拉丁美洲一体化的进程加快，小区域一体化正朝着全区一体化迅速进展。1991年3月，阿根廷、巴西、乌拉圭与巴拉圭四国总统签署了《亚松森条约》，"确定1994年12月31日建成'南方共同市场'。阿根廷总统梅内姆在签字前预言，到2000年人们将看到一个联合起来的拉丁美洲。"④ 此外，不断扩大联合范围的拉美里约集团，其影响也越来越大，拉美国家的一些领导人认为：里约集团将成为拉美一体化的"政治支持基础"⑤。纵横交错的拉美国家之间的联合关系，横向经济交流已在逐步展开，在21世纪它们将成为一支与其他区域性经济集团抗衡的力量。

在亚洲，区域性经济集团以东南亚国家联盟（简称东盟）和阿拉伯国家联盟（简称阿盟）影响较大。近年来东盟调整了经济发展战略，其中尤其是外向

---

① ② 姚立：《欧洲加速一体化建设》，载《人民日报》1991年1月17日。
③ 孙毅：《世界经济区域集团化的新发展》，载《人民日报》1990年12月27日。
④ 管彦忠：《实现拉美一体化的重要步骤》，载《人民日报》1991年3月30日。
⑤ 朱满庭：《里约集团扩大以后》，载《人民日报》1990年10月18日。

型经济发展战略，不断开拓与圈外组织的经济合作，中国与东盟国家的经济合作关系也进入一个新的阶段。不仅如此，从占世界人口一半的亚太经济圈来讲，受世界关注的亚太经济合作也进入一个新的发展阶段。通过 1989 年 11 月在澳大利亚召开的第一次亚太经济合作部长级会议，1990 年 7 月在新加坡召开的第二次部长级会议，以及以"全球挑战和太平洋对策"① 为题，以贸易、能源、电信、资本市场为合作方向的太平洋经济合作会议第八届大会的召开，确定了许多经济合作项目，促使"亚太经济合作进入了一个由官方协调的时期"②，自此，由广泛合作所带来的经济关系的错综复杂性也随之扩大。

在非洲，实现非洲经济一体化的呼声也越来越高。在原有大湖国家经济共同体、西非经济共同体、西非国家经济共同体、南部非洲发展协调会议，以及中非国家经济共同体与经济合作组织积极活动及推动之下，1991 年 6 月，30 多个非洲国家的元首在尼日利亚签署了建立非洲经济共同体条约，"该条约规定非洲经济共同体将在未来的三四年中分 6 个阶段逐步建成非洲共同市场。"③ 这是非洲国家迎接世界经济区域集团化挑战、在开创非洲经济一体化方面的一个转折，它树立了黑色非洲加强合作、发展经济的里程碑。

自公司组织形式在世界上出现，这个经济发展中的宠儿便迎合时代的潮流，在越来越复杂的经济环境中显示出旺盛的生命力。竞争一开始便以市场为主战场展开，它迫使公司必须不断通过强化内部管理增强自己的抗争实力，经济管理成为公司生命延续的主要支撑力量。在竞争的战场上，"劣汰强存"，使竞争一开始便成为经济兼并的驱动力量，它推动着企业朝着巨型化、复杂化的方向发展。在一国公司集团化的基础之上，诞生了跨国公司，公司组织形式开始突破国界走向世界。从此，世界市场便成为经济巨人进行格斗的主战场，在国际范围展开的竞争也便日趋尖锐、复杂化，在实力对抗日趋强烈的情况下，在公司之间所进行的合作、合并、合资、收购，及至兼并、吞并便成为一种国际潮流。当民间公司在世界市场上的斗争需要国家的政治力量支持的时候，各国官方陆续进入协调圈，从此，围绕巨型公司的政治、经济和军事因素纠结成一团，人类在多边、多角的经济关系中，从一个复杂的世界进入另一个更为复杂的世界。任何一个公司将是你中有我，而我中也有你，任何一个国家也将是你国、

① 宣增培：《加强合作 迎接挑战》，载《人民日报》1991 年 5 月 23 日。
② 孙毅：《世界经济区域集团的新发展》，载《人民日报》1990 年 12 月 27 日。
③ 李红：《非洲向经济一体化迈进》，载《人民日报》1991 年 6 月 16 日。

他国有我，而我国、他国也有你。这便是第一历史阶段人们所追求的共享、共分与协同共占世界市场，获得"世界市场规模优势"的美好理想。当公司联盟关系形成的强势进一步向纵深推进之时，世界区域性经济圈建设的胎动，区域性经济联盟便成为未来世界经济运动的方向。"跨国性联盟的合作关系是在更深层次上的合作"①，它将陆续突破国与国之间自古以来设立的关税壁垒，消除以国界确定的市场障碍与货币障碍，实现科学研究—技术开发—生产—商品经营—管理的一揽子的根本性联合。区域性经济呈滚动状态向前发展，将逐步把整个世界划分成几大"鼎足而立"的经济势力，进而形成"鼎势之争"的经济格局。一方面将是垄断型跨国化的进一步发展，驱使经济竞争在更大范围内展开，另一方面则是合作型跨国化的进一步发展，在日益扩展的大区间范围内开展合作。这种合作将不仅表现在贸易和一般性生产加工方面，还将突出表现在跨国、跨世纪国际巨型工程建设的合作方面。加之区与区之间彼此介入、渗透，以及相互长入交织在一起，依赖与制约因素包含在一起，以致合作与争夺交织在一起，使人类面临着有史以来未曾体验、未曾思索过的全球性经济问题与全球性经济管理问题。人类历史表明，任何一个历史时期经济的世界性扩展，都必将带来会计控制的世界性扩展，经济发展达到那一个地步，会计的发展也必然要达到那一个地步；经济世界的发展无止境，会计世界的发展亦无止境。既然经济世界已进入经济发展全球化、一体化阶段，那么，毫无疑问，会计势必会把国际巨型经济纳入自己的控制之列，必然以一体化经济作为控制目标。当今，人们已经可以在大经济支配之下的世界经济运行中，观察到现代会计控制将要发生的五个基本变化：

第一，在国家范围内，集团化公司的会计必将通过改革解决微观会计宏观化控制的问题。

第二，在国际范围，除以往联合国经济及社会理事会常设委员会之一的"跨国公司委员会"对跨国公司所进行的管理之外，还必须从跨国公司国际财务、会计战略设计方面考虑，逐步解决对跨国公司管理的财务会计与审计体系建设问题。

第三，解决跨国、跨世纪国际巨型工程会计控制体制建设问题与会计控制标准建立问题。

---

① 程玲珠、路耀兵：《跨国性联盟发展趋势及特点》，载《人民日报》1991 年 8 月 2 日。

第四，解决区域性经济集团会计控制标准化问题和科技控制、部门经济控制与会计控制一体化问题。

第五，世界的明天是大经济统治之下的世界，而世界的明天也必然是大会计统治之下的世界。会计、审计、统计以及财政、金融、税务一体化的格局，将是未来国际社会规模最为宏大的改革、实施计划。

展望大科学、高新科技与大经济波澜壮阔的发展前景，人类在下世纪将进入以高科技为支柱的经济飞速发展的黄金时代，未来时代的辉煌与繁荣，将极大地改变着全球人的生活方式和状况，人类的智慧将在大科学、高技术、大经济与大会计发展中获得更充分的发挥。总之，人类的未来是美好的、远大的，也是值得我们自豪而乐观的。然而，人类绝不可以过度乐观或盲目乐观，而应当透过未来人类社会五光十色的锦绣景象，充分认识到被掩盖着的或潜伏着各种危机因素和制约或阻挡人类经济发展的重大社会因素，并须深刻认识到这些危机因素的滋长严重地威胁着人类的生存和发展。现代人只有把聪明的才智、勤劳的品格、乐观主义的精神以及伟大的创造能力与必需的责任感、危机感、紧迫感有机地结合、统一在一起，方可消除危机，排除隐患，使 21 世纪全球的和平与发展成为现实。

2. 四大危机

人类在地球上进行开发、建设已经持续了 200 万年，他们始终以胜利者的姿态不断征服自然环境、改造自然环境，一步一步把地球的建设推进到现代化阶段，在太阳系这颗独一无二的行星中创造了现代文明。21 世纪人类还将以创造"全球繁荣"为追求的目标，在征服自然中再创新的奇迹。然而，殊不知在漫长的岁月中，尤其是近几百年来，"人类的创造活动中却包含着对自然环境的巨大破坏"[①]。现代人亲自经历的 20 世纪，在新工业文明的创造中，在世界范围内产生了一味追求数量型增长的"国民生产总值（GNP）拜物教"[②]，在这种思想支配下，人们对于经济的发展已是朝前不顾后，涉近不求远，"一味追求增长的逻辑"[③]。按照这种逻辑，对于国民生产总值的预计，通常"未计入'负数'或'负产值'，或甚至把'负产值'算成为'正产值'。"[④]在计量方面，又完全把社会经济效益排斥在外，可以说，这种国民生产总值的统计"只是一种加法"，它

---

① 恽鹏举：《中国：环境·资源·人口》，第一章，学苑出版社 1990 年版。
②④ 冯昭奎：《新工业文明》，第三章，中信出版社 1990 年版。
③ 奥尔利欧·佩奇：《世界的未来——关于未来问题一百页》，第一部分，中国对外翻译出版公司 1985 年版。

一味把减少计算为增加。对于这种现象，美国社会预测学家托夫勒曾斥之为"工业化的好大狂"①。事实上，人类的这种发展思想、计量方法本身就构成一种潜在的危机，如果任其放纵、滋长，还将在更大范围内造成危机。与此同时，在 21 世纪经济发展中，人们往往沉醉于巨型经济建设的美好前景中，憧憬着实现全球经济一体化的美好时日，然而，却对正在形成的冲突、对抗关系视而不见，对于巨型经济集团之间的日益剧烈的争夺，日趋紧张的经济关系漠然视之，对于已经产生的裂痕与对于巨大经济集团内外关系处理中的混乱状况，以及国际经济关系围绕着宏观控制而出现的各自为政、各行其道的混乱状况亦听其自然。面对世界经济发展所出现的混乱状况，有些学者曾尖锐地指出：当今的世界是"一个没有方向盘的世界"②。

在对上述两方面分析的基础上，本文将把当今人类所面临危机的具体表现归纳为四个方面，即人口危机、能源与资源危机、生态危机及和平危机，现分述如下：

（1）人口危机

当今，人口问题已成为带有战略意义的全球性问题，是人类所面临的重大危机之一。第二次世界大战后，经济人口学的研究逐步展开，学者们一反传统人口论的观点，"尽可能将一切人口变量都纳入经济体系，对人口与经济的关系进行全面而深入的研究。"③ 认定"人口变量与经济变量之间存在着极为复杂的多元性的相互依存关系。"④随着世界人口膨胀现象的产生与人口增长对经济增长所带来的不良影响，学术界又进一步认识到"人口增长阻碍储蓄和投资，给劳动生产率乃至经济增长带来负效应"⑤，从而提出"适度人口"理论。近两年来，围绕人口与经济问题，中国学者也展开了深入研究，力图谋求人口与经济的良性循环。学者们明确指出："人口问题说到底是经济问题，人口变动的终极原因应当到经济关系中去寻找。"⑥ 并通过广泛的社会调查，证实"人口下了坡，经济就上坡"⑦ 这一现实意义极强的结论。事实表明："人口大国往往是人均资源穷国"⑧。这一事实将拖住国家国民经济发展的后腿，使国家经济长期处于增

---

① 阿尔温·托夫勒：《第三次浪潮》，第四章，三联书店 1984 年版。
② 冯昭奎：《新工业文明》，第三章，中信出版社 1990 年版。
③④⑤ 大渊宽、森冈仁：《经济人口学》，第三章，北京经济学院出版社 1989 年版。
⑥ 田雪原：《谋求人口与经济的良性循环》，载《人民日报》1991 年 7 月 24 日。
⑦ 胡伟略：《人口下了坡，经济就上坡》，载《人民日报》1991 年 7 月 17 日。
⑧ 王光希：《土地资源的人均意识与合理利用》，载《百科知识》1990 年第 1 期。

长滞缓状态。所以，本文认为，人口危机最终表现为经济危机。

①人口危机首先是数量过剩危机。自有人类社会以来，在地球上先后已繁衍了 800 亿人，而当今在世的人口约占这个总数的 1/16。在 1000 年前，世界上仅有 2 亿多人，而据联合国人口基金会在 1991 年 7 月 11 日"世界人口日"公布："世界人口目前已达 54 亿。"① 其增长速度日益加快。又据美国华盛顿"人口参考资料局"预测，今后"世界人口每十年约增加 10 亿"②，这样，到 21 世纪中叶便会突破百亿大关，果真如此便已达到地球所能养活人数的极限，是"世界维持合理健康而不算奢侈生活的人口限度，这就是说，最多再经过 70 年，地球上的人口就要达到人类生存的这个临界线，现在呱呱坠地的婴儿进入老年时，就可能陷入'人满为患'的困境。"③ 到达这一步之后，如果还以这样快的速度增长下去，"到 2800 年，地球上每 40 平方厘米的陆地上将有一千人，也就是说每 1 平方米的空间将挤满 250 人④"。这种被称为"人口爆炸"的现象将真正危及人类的生存和发展。

从数量过剩方面考察人口危机，这种危机突出地存在于发展中国家。从相对数字上讲，"在八十年代增加的世界人口中，92% 来自发展中地区，到 90 年代将近占 95%……发展中国家和地区人口占世界总人口的比重不断上升，将由目前的 77% 提高到 2000 年的 80%⑤"。人口过剩严重阻碍着发展中国家经济的发展，联合国将 41 个人均收入低于 220 美元的国家列为最不发达的国家，据联合国人口司 1990 年 7 月发表的一份报告指出："在过去几年中，这些国家的人口平均每年增加 2.4%，人口过度增长抵消了这些国家的经济增长。"⑥ 自然，饥饿与贫困伴随着这些国家。在发展中国家中，非洲既是当今世界最贫穷、经济发展最落后的大陆，又是人口增长最快的大陆。它的"人口增长率超过了粮食增长率（人口为 3%，粮食为 1.9%）。"⑦ 据世界卫生组织在《世界卫生》杂志上宣布："目前全世界有 10 亿多人的生活仍处于贫困状态。……全世界约有 7 亿多人的生活处于极端贫困的境地，在最不发达国家中，将近 60% 人的生活朝

---

① 周修庆：《世界人口形势严峻 计划生育势在必行》，载《人民日报》1991 年 7 月 11 日。
② 新华社：《世界人口每十年约增十亿》，载《人民日报》1991 年 5 月 8 日。
③ 谢联辉：《爱护地球 保护地球——宋健谈经济建设与生态建设协调发展》，载《人民日报》1990 年 12 月 12 日。
④ 张召忠：《海洋世纪的冲击》，第一章，中信出版社 1990 年版。
⑤ 王志刚：《九十年代世界人口形势严峻》，载《人民日报》1990 年 1 月 8 日。
⑥ 甘道初：《化学大渗透》，第二章，中国青年出版社 1987 年版；参见《最不发达国家人口过度增长 严重阻碍社会经济发展》，载《人民日报》1990 年 7 月 14 日。
⑦ 顾玉清：《非洲面临人口增长过猛的压力》，载《人民日报》1990 年 6 月 4 日。

不保夕。"①

亚洲人口过剩危机现象也十分突出。在"地球上每 5 分钟诞生的 154 个婴儿中，印度就占 26 个。目前印度人口占世界总人口的 15.16%……现在，印度人口还以每年 2.1% 增长率增加。"② 由于人口过剩的困扰，"印度至今仍有 1/3 人口生活在政府划定的贫困线之下。"③ 如果不加以有效控制，专家们预见，印度将会成为世界上人口最多的国家。当然，我国也严重地存在着人口危机问题，"建国后，由于人民生活的安定，生活水平的提高，医疗卫生事业的发展，更由于人口政策的失误，中国的人口进入超指数发展时期，终于给自己背上了沉重的包袱，使中国的发展形成一个最大的隐伏危机。"④ 为了解决人口问题，中国政府把控制人口增长确定为基本国策，近年来有效地控制住了人口增长的速度，其中出生率下降之快，在世界上其他国家是没有先例的。但是，尽管如此，中国目前依然存在着人口危机。据中华人民共和国国家统计局 1990 年人口普查公报公布，中国人口已突破 11 亿大关，占世界人口的 22%，雄居世界首位。又据 1990 年《中国统计年鉴》记载，中国的"国民收入 1952 年为 589 亿元，1989 年增加到 13125 亿元。按可比价格计算，37 年间增长了 10.3 倍，平均每年递增 6.78%。"这个增长速度是较高的，在发展中国家里也是十分突出的。然而，"在此期间，我国大陆人口以 57482 万人，增至 112704 万人，增加了 94%，人均收入只增加了 4.78 倍，新增国民收入约有一半被新增人口所抵消。"⑤ 由此可见，"中国现代化建设目标的实现，既决定于国民经济的发展速度，也决定于控制人口增长的状况。"⑥据我国专家从淡水资源与食物资源两方面估算，"我国极限养活人数为 14 亿，最佳生存环境为 7 亿以内。"⑦ 20 世纪末和 21 世纪初，中国政府将在从严控制人口增长方面进一步努力，到 2030 年中国有可能"实现人口零增长"。⑧

联合国人口基金会再三呼吁国际社会，必须采取果断行动与有效措施，控制世界人口增长。该基金会执行主席纳菲斯·萨迪克曾在 1990 年"世界人口日"指出："我们的未来有赖于人口与资源之间的平衡。"⑨

---

① 新华社：《全世界 10 亿人处于贫困状态》，载《人民日报》1990 年 4 月 11 日。
②③ 车宁慈：《印度面临的人口问题》，载《人民日报》1990 年 1 月 26 日。
④ 恽鹏举：《中国：环境·资源·人口》，第一章，学苑出版社 1990 年版。
⑤⑥ 沈益民：《努力搞好人口控制工作》，载《人民日报》1991 年 7 月 12 日。
⑦ 喻传赞：《人类的困境》，载《百科知识》1987 年第 6 期。
⑧ 王友恭、韩玉琪：《"世界人口日"的思考》，载《人民日报》1990 年 7 月 20 日。
⑨ 新华社：《消除贫困，保护环境——联合国呼吁控制人口增长》，载《人民日报》1990 年 7 月 10 日。

②人口危机表现为人口结构恶化。尽管一些发达国家从 20 世纪 60 年代中期起人口增长率已进入下降阶段，到 20 世纪 80 年代欧洲国家人口急速趋于零增长，其中德国、匈牙利等国人口还出现负增长，但是，发达国家人口结构的恶化业已形成一种潜在的严重危机。一是年龄结构问题。从欧洲讲，"各国现在已完全进入老龄化社会。"① 美国的这一问题也十分严重。1975 年，美国的老年人口系数已突破 10% 的界限，预计到 2000 年将上升为 12.2%。现在美国在 20 世纪 60 年代培养出来的科技人才大多数已到了退休年龄，而且后继乏人，这对于美国的高科技发展已经构成威胁。正如日本学者指出：高福利与人口老龄化将成为社会前进的障碍②。二是人口集中过密，地域分布结构呈畸形发展。目前，全球人口有 3/4 生活在城市中，在发达国家城市人口几乎已达 3/4，到 20 世纪末还将出现 3000 万人口规模的超级城市。第三世界国家也将高速朝着城市化方向发展。专家们认为："城市膨胀将使住房、交通、生态、疾病、贫困、犯罪等问题进一步恶化。"③ 也将造成经济发展的极端不平衡，最终因人口过度密集而导致经济走上衰退。

就中国的情形而言，不仅老龄化迅速迫近，人力资源结构变化大，而且人力资源配比结构不合理，人才有断层。此外，人才错位现象也较为严重。这种情况对实现人才资源在生产、经营过程中的优化组合，也是一种潜在的危机。

③人口危机最后表现为人力资源素质下降。1990 年元月，在中国北京召开的"第 5 次全国人口科学讨论会"上，专家们在讨论"我国人口发展势态及策略"这一论题时指出："人口势态不仅包括人口数量与人口结构等问题，也包括人口素质问题。"④ 从文化素质方面考察，1991 年 5 月联合国教科文组织公布："1990 年世界共有文盲 9.48 亿人……工业发达国家的文盲率仍徘徊在 10% 至 20% 之间，但第三世界的文盲率一般较高。"⑤ 从成人教育方面讲，据联合国统计，世界上大约有一半成年人是文盲，这是一个十分严重的问题。1982 年，中国人口普查时公布："中国总人口中文盲、半文盲人口占 28.26%（2.5 亿），世

---

①② 大渊宽、森冈仁：《经济人口学》，第三章，北京经济学院出版社 1989 年版。
③ 胡锡进：《城市膨胀带来的问题及对策》，载《人民日报》1990 年 2 月 19 日。
④ 朱维新：《第 5 次全国人口科学讨论会提出 90 年代更有效控制人口》，载《人民日报》1990 年 1 月 10 日。
⑤ 新华社：《联合国教科文组织公布报告——世界去年文盲 9.4 亿多人》，载《人民日报》1991 年 5 月 16 日。

界文盲有 1/4 在中国。"① 经过努力，中国的文盲人口数逐步在减少，但据 1990 年人口普查统计数，中国现在仍有文盲 1.8 亿人②，对于中国的现代化建设讲，也是一个十分严重的问题。

即使按照常规来讲也是这样，人类社会的发展客观上所需要的是具有一定文化水平和劳动生产技能的体力劳动者与脑力劳动者，社会越是向更高文明阶段发展，对于人力资源的文化素质、道德素质的要求便越高。今天，面对着高技术产业的发展和高科技竞争的挑战，对于人力资源的文化素质与道德素质要求便更高、更为严格。在现代化社会里，文盲、半文盲以及那些被发达国家称之为"功能性文盲"的人，只能成为社会的负担，而不可能成为有用之才。

为解决人口危机问题，过去的许多年，人们从政治、法律、科技以及经济手段等方面做出了种种努力，联合国也从世界范围控制人口着手做了大量的工作，并已初见成效。然而，今后如何从更深的层次着手解决人口膨胀与经济的对抗关系，如何扭转"高生产率—低人口文化素质—低劳动生产率—高生产率的初级循环"③ 状况，以及如何以提高宏观经济效益与微观经济效益为出发点，对人口的数量与质量进行严格控制，这些问题都迫切有待研究解决。由于人口危机直接影响到社会生产率的提高和社会经济的发展，进而影响到整个社会经济效益的实现，故无论从微观控制的角度，还是从宏观控制的角度，它所要求具体解决的许多问题，无不与现代会计控制有着直接关系。具体讲：

第一，会计控制与社会人口增长控制之关系。人力资源原本属于会计控制的对象，对活劳动消耗的控制历来以"必要的消耗"或"尽可能节约劳动时间"为准则。众所周知，在社会生产中，必要的活劳动消耗是成本客观经济内涵中一个重要构成部分，要讲究经济效益，实现经济效益与不断提高经济效益，无论是社会，还是企业都必须注意把握活劳动的必要消耗，坚持贯彻"必要消耗"原则，如果放弃这一原则，社会经济损失与企业经济损失均不可避免。因为活劳动消耗的失控，会导致整个社会经济成本的失控，进而造成社会经济效益的失控，最终拖住社会经济发展的后腿。当今，世界人口过剩所造成的后果表明，人力资源的浪费是最大的浪费，人力资源有效利用的失控是经济管理工作中的最大失控。此外，人口危机既是造成世界许多国家经济效益水平低下、生活水

---

① 恽鹏举：《中国：环境·资源·人口》，第一章，学苑出版社 1990 年版。
② 赖仁琼：《算帐与建议》，载《人民日报》1991 年 3 月 30 日。
③ 田雪原：《谋求人口与经济的良性循环》，载《人民日报》1991 年 7 月 24 日。

平低下以及教育水平低下的重要原因，也是导致世界粮食、能源、资源和环境危机的根本原因之一。因此，它对成本与经济效益的影响远远不止上述分析这一个方面。当代高科技的发展，彻底宣告了依靠人力资源数量来提高劳动生产力时代的结束，在对社会宏观成本控制中，各级政府与千百万家庭都必须为此做出努力，严格进行数量、质量控制，逐步降低社会宏观成本，并将其降低的部分用于教育投资，借以提高人力资源的文化素质、道德素质和生产技术水准。社会人口数量成本的下降与社会人口质量成本提高之间的替换关系，将可以有效地解决人口危机中的主要问题，实现人口与经济的良性循环，使社会获得更大的人才效益。只有这样，方可创造基本条件，实现向"低生育率—高人口文化素质—高劳动生产率—低生育率"[1] 的良性循环转变。人力资源会计（Human Resource Accounting）现今主要围绕企业的人力资源管理进行鉴别、计量、核算与控制，以有效使用人力资源，正确确定企业的收益，并在决策工作中发挥重要的作用。运用相同的原理，人力资源会计也可以扩展到宏观控制方面，在社会人力资源鉴别、计量、核算与控制中发挥重要作用。

人口过剩是造成企业财务成本虚增不实的重要原因之一，它既拖住了国家发展经济的后腿，也使企业背上了沉重的包袱。在人口总量过剩，而劳动适龄人口亦过剩的情况下，既会使企业承受一定的经济压力，又会造成社会过度的负担。在这方面中国的问题就比较突出，如在 1964～1982 年这 18 年间，"我国总人口数增加 44.5%，劳动力适龄人口却增加 61.3%。"[2] 潜在的失业现象已较为严重。在采取低工薪、高就业的情况下，企业的就业压力一直是有增无减，"目前全国全民所有制企业约有 2000 万冗员"[3]，每年还有 700 万人就业安排，不必要的活劳动在企业财务成本中所占比重很大，多数企业在相当长时期内还无法卸掉这个包袱。据预测，到 2000 年，我国"15～64 岁的生产年龄人口将增加到 8.58 亿，比世界所有发达国家生产年龄人口之和还多出 2000 万。"[4] 显而易见，为了我国经济在 21 世纪取得更大的发展，必须采取有效措施迅速解决这方面的问题。由于这个问题直接关系到企业经济效益指标体系中的关键控制环节——成本，故要最终解决这一问题，势必要从强化成本控制着手，改革成本控制制度、控制方法和控制手段。

① 田雪原：《谋求人口与经济的良性循环》，载《人民日报》1991 年 7 月 24 日。
② 恽鹏举：《中国：环境·资源·人口》，第一章，学苑出版社 1990 年版。
③ 阮恩光：《实现转变的几大障碍》，载《人民日报》1991 年 4 月 17 日。
④ 杨子慧：《90 年代面临三大人口难题》，载《人民日报》1991 年 8 月 5 日。

第二，会计控制与人力资源优化组合之关系。在现代会计控制新领域中，人力资源会计还处于研究的初级阶段。人们已认识到"人力资源是企业最重要的一项资源。"① 强化这一领域的会计控制，不仅要注意人工成本的节约，而且还必须注意人力资源的教育投资，其中尤应注意在新技术革命条件下，用于知识更新方面的教育投资，这些见解已运用于实践，并已经在企业人力资源管理与决策中发挥了重要作用。然而，在新形势下，摆在会计工作者面前的还有另外两个新问题。一是人力资源在企业范围乃至国家范围的优化组合问题。一个企业和一个国家的人力资源，它的组合客观上有一个科学的比例关系，只有人力资源配比结构合理，方能实现生产经营中的优化劳动组合。要保持人力资源的科学配比关系，其关键在于科学处理教育投资问题。对人力资源的教育投资，不仅仅是为了提高人力资源的文化、技术素质，而且是为了保持或调整企业和国家人力资源的科学配比关系。为提高教育投资效益，又必须保证人力资源专业教育的归口管理，防止人才错位现象的发生。在一个企业，如果人力资源调配、组合失控，人才错位与断层现象严重，必然会造成人才配比关系失调，便无法实现优化劳动组合，最终造成企业系统运转功能与控制功能的丧失。推而广之，从国家范围讲，自然也是这样。所以，本文认为，保持企业、国家人力资源的科学配比关系，实现劳动力的优化组合，将是未来会计的控制工作既定目标之一；二是解决地区、国家乃至世界范围人力资源的宏观控制问题。目前，人力资源会计的控制目标还基本上立足于企业，虽然它已有实行宏观控制的倾向，但尚未把社会人力资源纳入控制之列。人口危机具有广泛的社会性，因而，从社会范围来解决人口控制问题便显得更为重要。在解决企业人力资源会计控制的基础上，着手解决一国、一地乃至世界范围的人力资源会计控制问题，是21世纪会计控制的另一既定目标。应当讲，在局部看来是可行的人力资源会计控制，在全局看来也必然是可行的。

综上可见，"人口—社会经济—人力资源会计控制"三者之间有着必然的联系。未来的会计控制必须注意到人口的"分母效应—人均水平"② 在人口与经济效益之间探索其平衡关系，以在社会人力资源宏观决策中发挥作用。在人口与经济效益平衡关系的探索中，"适度人口理论"的有些基本观点与量化测定办法值得借鉴。适度人口论追求"以最令人满意的方式，达到某项特定目

---

① 陈今池：《西方现代会计理论》，第十五章，中国财政经济出版社1989年版。
② 邬沧萍：《从1990年人口普查看国情国力》，载《群言》1991年第1期。

标人口"[1] 这一目标"存在于极大人口与极小人口之间的某一位置上。"[2]适度人口增长的确定，可用下列曲线表示（见图 1－1）。

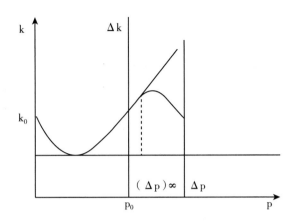

图 1－1 适度人口增长的确定曲线

图 1－1 中，纵轴表示资本积蓄 K，横轴表示人口增长 ΔP，（ΔP）∞ 表示适度人口增长，P_0 为过剩人口，K_0 表示资本增加点，ΔK 则表示资本的增量。图 1－1 中，"适应人口增长（ΔP）∞ 位于资本积蓄曲线和等收入曲线的切点上。按照这个模型，即使某国人口处于过剩状态，但只要人口增长还能够刺激投资，那么减少人口未必是最好的政策，反之，当人口过少时，也未必就可以完全不抑制人口。"[3]要提高中国的综合国力，解决适度人口问题很重要。当前，对历史上已形成的过剩人口状况，应持积极态度，既努力提高人力资源的文化素质，也应充分发挥 11 亿人的凝聚作用，在此基础上着手解决适度人口问题。中国人口控制在多少范围内方可为之适度，关键在于通过理论研究与宏观计量测试，寻求人力资源与经济发展之间的平衡关系，从人工成本、人力资源效益以及生活水平、各类物质资源状况等方面综合加以考察研究，21 世纪中国的会计控制工作应当朝着这个方向发展。

（2）能源与资源危机

自工业社会发展以来，人们便确定以能源与资源作为发展经济的"火车头"，把能源与资源的开发、利用看作是一切经济活动的基础[4]。同时，人们又以"保护神"的美称说明资源对人类经济发展、生活改善以及环境优化方面的

---

[1][2][3] 大渊宽、森冈仁：《经济人口学》，第三章，北京经济学院出版社 1989 年版。
[4] 田志立：《全球开放论》，第一章，东方出版社 1990 年版。

重要作用。事实上，地球上的能源、资源已经为人类文明建设做出了巨大贡献。可以说，人类如果没有能源、资源的开发、利用，便不可能有文明社会的今天。迄今为止，人类开发能源、资源的历史已有200万年，尤其是在人类进入蒸汽时代之后，便大大加快了开发、利用速度，能源、资源的消耗每年成倍增长，高速开发，高级量耗费的格局逐步形成。往后，一般是技术革命越发展，经济发展速度越快，能源、资源消耗的速度也便越快。20世纪以来，这种消耗已呈飞速之势，形成了世界性的能源大战、资源大战，无限止的消耗状况犹如山崩海啸，欲罢不能。这样，在富庶繁荣、如花似锦的经济发展图景掩盖之下，早已投下了能源、资源危机的阴影。现在，历史的警钟已频频敲响，该是人们进行深思、反省的时候了，也是人们重新规划经济发展战略的时候了。

这里首先考察有限的化石能源。根据世界能源会议估计，"世界煤的地质储量约10万亿吨标准煤，探明储量约3万亿吨标准煤，技术经济可采储量约6600亿吨标准煤。"① 自19世纪中叶以后，有限的储量已在高速开发、消耗中趋于枯竭。"1860年世界商品能源的消耗只1.4亿吨标准煤，1960年增加到42.3亿吨标准煤。"②一百年中总消耗增加约30倍。到"2020年，世界煤的消耗量将由1977年的23亿吨标准煤，上升到66亿～85亿吨标准煤。"③消耗的增长与消费现象的扩大同时在进行。这样，"到21世纪，煤也将步石油的后尘，逐渐成为一种奇缺商品。"④它将"也和石油一样，最后也将耗尽。"⑤ 与煤的前景相比较，石油危机更为严重，据测定，石油全球探明储藏量为1020亿桶，海湾地区占其中的65.4%。石油的分布使用极不均衡，1959年，世界石油消耗量第一次达到10亿桶⑥，其后便居高不下。1969年消耗量已远远超过20亿吨，这样，石油开发与利用的黄金时代尚未达20年，便于1973年爆发了第一次石油危机，使所有工业国家在历经一场政治、经济混乱之后，开始认识到能源危机问题。此后，尽管放慢了石油生产速度，然而，由于消耗一直处在失控状态，每年依然有一定增长，1979年，"石油在世界能源生产中的比重达49.1%，这一年的石油产量达31.14亿吨的最高水平，约为1950年的8倍。"⑦这样又导致了1979年至1980年第二次石油危机的发生。这第二次警钟敲响虽然又让人们有所觉悟，然而，生产、生活需求势态的发展几乎使人们在控耗方面无能为力。据专家们近期测

①②③④⑦ 郭星渠：《核能——现实与未来的选择》，第一章，人民教育出版社1986年版。
⑤ 莱斯特·R. 布朗：《建设一个持续发展的社会》，第一章，科学技术文献出版社1984年版。
⑥ 让·雅克·贝雷比：《世界战略中的石油》，第一篇，新华出版社1980年版。

算，"世界石油的可采储量约 1250 亿吨，远景储量也只有 2000 多亿吨。据 1987年的产量计算，可开采 12 年。"① 历经中东战争之后，石油火焚损失相当惨重，原估计中东石油尚可开采 117 年，今天看来要打很大折扣了②。目前，石油消耗仍在持续增长，到 2000 年将耗费 80 亿吨石油③。面对现实，许多科学家早已望洋兴叹：石油——20 世纪理想的动力，曾几何时，它取代了煤的地位，受到世界的青睐，"在一代期间内，（石油）改变了全球经济体系。"④ 然而，它的未来岁月江河日下，前景极其黯淡。这种"数亿年内所形成的，易于开采的石油资源将在 1960 ~ 1995 年一代人期间消耗殆尽。"⑤

据估计，"天然气的远景储量为 250 万亿 ~ 300 万亿立方米。"⑥ 大体与石油相当。尽管它与煤、石油相比，在能耗中比重还不大，但是，当今其开发、耗费亦呈直线上升趋势。1970 ~ 1987 年，世界天然气的产量由 1 万亿立方米，上升到 1.923 万亿立方米⑦。预计到 2000 年，其产量将达到 2.5 万亿立方米，到21 世纪初，将进入开采利用高峰⑧。与石油的命运一样，它不足以供下世纪一炬，便会结束它在陆地上存在的历史。除以上三项石化能源之外，这种危机无不触及地球资源的其他方面，"如铁、铜等矿产资源，仅能供人类开采 100 年即告枯竭。"⑨ 据美国《公元 2000 年全球科技报告》预测："按 1976 年的储量计算，几种主要矿产品陆地储量的使用年限分别为：氟、银、锌和汞 13 ~ 21 年；硫、铅、锡和钨 21 ~ 31 年；铜、镍和铂 36 ~ 14 年；锰、铁矿石、铅土矿 51 ~ 63年。"⑩ 当然，人们从一代能源、资源的消失，便有一代能源、资源取代这一观点出发，寄希望于未来产生的新兴能源，这种努力开发新能源、资源，造福人类的思想无疑将会开创人类更加光明的未来，不过，人们却必须警惕能源、资源开发的另一方面，如核能的发展会受到铀矿储量的限制，加之开采成本与提炼成本均很高，它亦无法持久解决人类的能源问题。再如开发海洋能源、资源足可以缓解人类能源、资源危机，像沉睡在海底的锰结核矿石，其储量可使人类使用 1 万年，确实大有前途。然而，诸如石油之类的重要能源，其储量亦仅2500 亿吨以上，按目前消费量计算仅够人类使用 270 年⑪，即使它能够成为 21

① 《会发生第三次石油危机吗?》，载《人民日报》1990 年 2 月 21 日。
②⑥⑦⑧ 郭星渠：《核能——现实与未来的选择》，第一章，人民教育出版社 1986 年版。
③ 让·雅克·贝雷比：《世界战略中的石油》，第一篇，新华出版社 1980 年版。
④⑤ 田志立：《全球开放论》，第一章，东方出版社 1990 年版。
⑨ 喻传赞：《人类的困境》，载《百科知识》1987 年 7 月 20 日。
⑩ 张召忠：《海洋世纪的冲击》，第一章，中信出版社 1990 年版。
⑪ 蔡文贻：《海洋世纪的呼唤》，载《海军》1989 年第 7 期。

世纪的战略资源，如果在开发和控耗、节能方面产生失误，最终势必落得与陆地石油相同的命运。

人类在地球上出现以前，地球上的森林达 0.77 亿平方千米，其间不仅生存着千万种动植物，是人类赖以生存、发展的宝库，同时，森林在调节地球生态与气候，涵养水源方面发挥着极其重要的作用，人们称其为"地球之肺"，是陆地生态系统的主体。然而，这种建材薪炭物质也面临着极大的危机。"从公元前7000 年至近代这个漫长的历史时期，人类活动至少使地球上的森林减少了 2/3或一半以上。"① 目前，"这些森林正以每年 1.65 亿亩（相当于奥地利国土面积）的速度被砍伐。"② 此外，随着生物资源的大量消失，物种危机越来越严重。地球自有生命以来，已有 40 多亿年，曾生存过的物种达 5 亿多种，而今"仅有500 万～1000 万物种幸存于世。"从目前的情况看"有 600 多种动物，2500 多种植物正濒临灭绝，至 20 世纪末预计又将有 50 万～100 万个生物种遭到厄运"。③

可见，化石能源、矿物资源、森林资源以及生物资源都处在危机状态，从总体上讲，"全世界现有资源的储量大约可供人类使用 500 余年，如果按照消耗量每年递增 2.5% 计算，则只能使用 30 年。地球上可耕面积只占地球总面积的4%，而且还在不断减少。"④ 这种愈演愈烈的危机现象正一步一步使人类陷于困境之中，成为世界性的经济大地震。它所造成的重大问题已非一地、一国可解决，而必须发挥整个世界的力量方可缓解这一危机。这个宏观经济问题须以世界作为整体加以研究，又须全世界统一行动加以解决。由于承担这一经济责任的主体是世界性的，因而它的解决有赖于形成以世界为责任主体的控制系统，即包括行政主体、财政经济主体以及经济控制主体在内的责任主体控制系统，从全面出发与从全局着手来解决这一问题。闻名于世的罗马俱乐部（The Rome Club）企图在全球性问题的框架下，着手揭示并解决一些根本性的问题。1972年，由美国麻省理工学院的丹尼斯·米都斯等人所写的《增长的极限》一书，开始揭示这一问题，并在世界上引起了极大反响。其后，又先后出版一系列类似的论著，1974 年梅萨罗维奇与彼斯特尔的《人类处在转折点上》、1978 年加博尔与科伦布等人所著《超越浪费的时代》、1980 年德·蒙特布里耶等人的《能源，倒过来计数》，以及由罗马俱乐部发起人奥尔利欧·佩奇所撰《世界的

---

① 董智勇：《森林是陆地生态系统的主体》，载《人民日报》1991 年 4 月 22 日。
② 汪松、李文军：《天然物种的宝库——森林》，载《人民日报》1991 年 5 月 8 日。
③ 冯昭奎：《新工业文明》，第三章，中信出版社 1990 年版。
④ 蔡文贻：《海洋世纪的呼唤》，载《海军》1989 年第 7 期。

未来——关于未来问题一百页》等，都从更为广博的方面揭示了因"消耗失控"所导致的"增长极限"，频频向人类敲起警钟。1982 年 10 月，罗马俱乐部还在日本东京召开了题为"通向 21 世纪——全球问题及人类的选择"的讨论会，试图进一步寻找解决全球问题的答案①，在《增长的极限》一书影响之下，1981年由美国著名社会学家杰里米·里夫金与特德·霍华德所著《熵：一种新的世界观》一书问世，以更为深刻的研究方式揭示了人类所面临的能源、资源危机，向一味鼓吹无止境经济增长的传统经济学提出了挑战。尽管该书作者与罗马俱乐部一样，对世界性能源、资源危机的揭示给人以耸人听闻和过于悲观的感觉，其观点在不少方面也具有一定片面性，但是，他们所提出的有关全球性的问题，大都是客观存在的，是很值得人们反省和深思的，也确实有一些问题还值得人们共同展开研究并逐步探索其解决途径的。此外，对世界性经济危机问题的研究，目前已形成一种国际势力，如由东西方 17 国组成的"国际应用系统分析研究所"（International Institute For Applied Systems Analysis）亦以全球性经济问题、环境问题为主要研究目标。日本综合研究开发机构（National Institute for Research Advancement）也以 21 世纪行将发生的重大问题作为研究对象等。可以说，从 20 世纪下半叶起，人类已经进入研究、解决世界性重大经济课题、社会课题的时代。从经济核算与会计控制角度讲，它亦必须参与研讨、解决一国、一地的这一重大课题，乃至世界性的重大课题：

①关于建立能源、资源的全球性经济核算概念和核算体系建立问题。正如奥尔利欧·佩奇在《世界的未来——关于未来问题一百页》一书中指出：传统经济学"一味追求增长的逻辑，即自欺欺人的'更多'逻辑（更多生产、更多消费、更多就业），而采用明智的'更好'的逻辑，即更好地利用一切资源。"书中所讲的所谓"更多"的逻辑，其核心问题在于"消耗失控"，它通常更多地掩盖了虚假的繁荣，自然而然也更多地掩盖了表现在能源、资源方面的危机。这种"消耗失控"与摧残自然所带来的增长是一种"浪费型文明"②，是现代化社会文明失调症最本质的表现。追求眼前的利益，换言之，追求眼前一时的"经济效益"具有极大的诱惑力，它可以带来近期社会的"繁荣"，勾画出现代人在既得利益中尽情享乐的图景，而为了达到这一点便贪婪地向大自然伸出双手。这一点使人们想起甘地讲过的一句话："世界满足人的需要绰绰有余，但却

---

① 朱锋、干丹若：《领导者的外脑——当代西方思想库》，第三章，浙江人民出版社 1990 年版。
② 冯昭奎：《新工业文明》，第三章，中信出版社 1990 年版。

不能满足人的贪婪。"

在《增长的极限》一书中，对以国民生产总值（GNP）增长为核心的经典发展方式提出质疑，揭露了现代社会普遍存在着的一种严重现象——国民生产总值拜物教，并力图驳倒这个机器大生产开始以后所逐步形成的一项"万能指标"。《熵：一种新的世界观》一书进一步郑重其事地向人类宣告，地球是一个封闭系统，它虽然与太阳交换能量，然而却极少和太阳系的其他构成部分交换物质。因此，人类必须承认自己所生活的这个世界的有限性，在客观上必须认识地球资源所存在的"极限"，并从经济发展战略上充分重视这一问题。当代新科学建设中出现的"新三论"中的第一论"耗散结构论"，进一步论证了物质与能源的耗散具有不可逆转性，让人们认识到"消耗失控"必然会造成"增长的极限"，最终使人类经济发展步入"死胡同"。

这样，人们最终必然会把目标集中到国民经济核算体系的核心——国民生产总值（GNP）的概念与内涵确定以及计量改革方面。著名经济学家克里斯汀·雷帕特认为：传统 GNP 中的经济增长是一个笼统的概念，它仅根据商品和国民收入来衡量这种增长，却忽视了自然资源（能源、资源）消耗方面与污染物的破坏方面，这在经济平衡表上根本没有反映出来①。同时，GNP 中的经济增长仅仅被看作衡量"流量"的尺度，而不是衡量"存量"的尺度。通常以"流量"作为尺度来衡量一国、一地的政治成就和经济效益，确认国民生产总值与国民收入增长率越高，政治、经济成效便越来越大，殊不知这里却完全忽略了资源存量的供给与消耗对"流量"的重要作用。如果没有源源不绝的能源、资源储量，便不可能有滔滔不绝的流量。世界上，资源存量的枯竭，将意味着流量——GNP 的消亡。

在上述本质问题论证的基础上，经济学家们开始把研究目标确定在宏观控制方法建设方面。如赫尔曼·戴利曾有过这样的建议：要正确处理资源存量和流量的关系可分设资产、成本与利润三本账进行国民经济核算②，为了使三本账得以成立，应当从中排除不必要的消耗、损失与损耗以及超出正常的环境污染开支，从而保证国民经济核算的正确性。从这一点出发，经济学家主张建立经济—生态核算体系③。他们主张以"补偿支出"的方式抵减 GNP 数额，以保证 GNP 计算的正确性与真实性。这些主张都给予人们以重要启示，它既表明在国

①② 克里斯汀·雷帕特：《经济增长的社会代价》，载《经济译丛》1987 年第 3 期。
③　邓英淘：《新发展方式与中国的未来》，第六章，中信出版社 1991 年版。

家范围内，进行国民经济核算改革，并建立经济—生态核算体系，从根本上扭转传统国民经济核算中的失误，这不仅是迫切的、必需的，而且也是可行的。进而言之，在这一改革的基础上，将国民经济核算改革方案扩大化，借以建立国际经济核算体系、国际经济—生态核算体系，也是必要的和可行的。当然，经济学家们不可能解决宏观会计控制方面的全部问题，许多配套会计问题有待会计学家和会计实业界人士共同研究、解决。有关这方面的问题，笔者将在本文的第三部分作较为具体的探讨。

②能源、资源危机迫使人们必须研究的第二个问题，是如何强化会计在能源、资源控制方面的能动作用，以有效地把量的控制、质的控制与对能源、资源利用效益的控制结合起来的问题。首先是解决不断提高能源、资源利用效益的问题。专家们认为："在不同种类的资源在终极形式上构成互补系统，对于互补系统而言，它服从短线约束原理。"① 从能源、资源过量消耗方面讲，即使"短线约束原理在更大的范围内起作用，则工业化的寿命至多再延续几百年。"② 一般讲，世界经济增长越快，能源、资源消耗的增长便越快，工业化社会的寿命也便越短。从预测可知，21 世纪末世界能源、资源的消耗量将是 1970 年的 4～5 倍，以美国 1974 年人均消耗能源、资源 20 吨推算，21 世纪末的能源、资源年消耗量将达到 530 亿吨，假定这些消耗都是合理的，那么，这里要研究的便是单位能耗效益的问题。从传统做法方面讲，以往主要通过能源弹性系数 $P\left(P = \dfrac{能源消费量年均增长率}{经济发展年均增长率}\right)$ 来衡量能耗效益水平显然是不够的，今后应考虑从 GNP、国民收入等项指标与能耗关系方面来确定考核关系。在 GNP、国民收入与能耗之间，应当有一个科学的比例关系，这个比例关系随着科技发展与管理水平的提高而相应发生变化，在正常情况下，前者的扩大与后者的缩小应当成为一种基本发展规律。这样，能源、资源利用效率的实现，一般与管理对消耗的约束有极大关系。这种约束机制使单位能耗逐年降低。在一地、一国范围内和在全世界范围内强化会计控制，要考虑到许多细节问题。如在实现会计、统计一体化过程中，通过建立一个科学的指标体系，逐步从量、质、消耗、效益诸方面进行有效控制。再如各项指标内涵因素的确定与计量问题以及适用范围等等，都要做出切实的设计与规划。其次，是解决能源、资源损失和浪费方面的问题。损失与浪费是造成能源、资源危机的重要原因之一，高消耗与高浪

---

①② 邓英淘：《新发展方式与中国的未来》，第六章，中信出版社 1991 年版。

费并存是当今世界极为普遍的现象。从发达国家讲，高耗费、高浪费通常是与腐败的生活方式联系在一起的；而从发展中国家讲，一般与管理水平、会计控制水平低下有极大关系。从中国讲，一是能源、资源利用率低。中国的国民生产总值每增加 1 美元，其能耗是日本的 7 倍，比世界平均水平高近 3 倍。在能源实行低价政策亏损的情况下，它在工业产品中的成本比重仍占 20% ~ 70%，长期以来，能耗大、效率低的不良状况一直影响着经济效益水平，使经济效益一直处于低下状态。据世界资源研究所和国际环境与发展研究所在一份联合报告中表述："每生产 1 美元的国民生产总值，法国耗费的能源最少，为 8719 千焦耳；中国耗能最多，达 43394 千焦耳。"[1] 二是浪费极其严重。从开采方面讲，如宁夏汝箕沟太西煤矿区国有企业年产"太西"煤 63 万吨，消耗储藏量 80 万吨，回收率为 79%。那些小煤窑（或为集体或为个体）产"太西"煤 80 万吨，消耗储藏量却高达 404 万吨，其回收率还不到 20%。据估算，每年该矿区约浪费 223 万吨优质煤，以 50% 出口换汇率计算，损失达 1 亿多美元[2]。从我国生产过程中的损失、浪费情况看，其数额更为惊人。所以，如何强化宏观经济控制，特别是强化宏观会计控制，以节能降耗，杜绝损失、浪费，提高能耗利用效率，也是 21 世纪世界性的一大管理课题。会计控制的重要管理使命之一便是控制消耗，节约开支，降低成本，尤其是在成本管理方面，始终坚持执行"必要的物化劳动消耗"这一准则。微观控制是这样，通过会计改革与建设，在宏观上也应达到这一目的。

　　③能源、资源危机的微观控制对策——企业会计控制改革的基本方向。当今，在会计思想建设方面的一个十分重要的观念，是实现微观经济效益与社会经济效益相统一的观念。前者是实现全面经济效益的基础，后者则是衡量全面经济效益实现的标志。从传统财务会计的角度讲，作为确定利润基础的成本，它的客观经济内涵是指必要的物化劳动与活劳动的消耗，如前所述，这是进行财务成本控制的一项基本准则。按照这一准则，凡不必要的消耗不得进入任何成本项目，而必要消耗部分也必须贯彻力求节省的原则。在高投入、高消耗、高产出、高浪费的生产经营格局下，成本控制已完全排除了对自然资源消耗的约束，其放纵现象相当严重，事实上，许多企业的财务成本已经丧失了它内涵中"必要消耗"所固有的意义。可以讲，这种状况下的成本控制机制，已处在

---

①　强玉才：《90 年代世界能源展望》，载《瞭望》海外版 1990 年第 15 期。
②　王广华：《"太西煤"产地每年损失达一亿美元》，载《光明日报》1987 年 1 月 12 日。

一种不完善的状态，它的功能和作用已受到了极大的限制，它的控制已处于一种非系统状态，自然，它在越来越严重的能源、资源危机面前已显得有气无力。因此，改革企业的微观成本控制已成为当务之急，只有通过成本改革，方能加强能耗的基础控制工作，提高微观经济效益，并为全面经济效益的实现创造基本条件。

（3）生态危机

能源、资源危机对于生态危机有着连锁性影响，自然资源的破坏，工业废物的排泄等都加速了人类社会的生态危机。学者们在论及"人类与熵"时指出："熵的增加，意味着有效能量的减少，被转化成无效状态的能量构成污染"①。这便是经济发展过程中恶性循环的最终结局，所以专家们对此得出明确的结论："污染是熵的同义词"。②经济发展过程中产生的种种弊病所造成的生态危机后果，较之它在能源、资源方面所造成的危机后果更为严重，它严重地危及人类社会的生存和发展。问题的严重性还不仅反映在对人类经济生活影响这一方面，而是涉及和人类的生存与发展相关的全部问题，因此，环境问题犹如一面镜子，它"照出了人类文明的病态。"③ 生态问题不仅涉及地球上 50 多亿人的群体行为，而且涉及人类政治、经济生活的方方面面。

1957 年，北欧斯堪的纳维亚半岛生态景象突然发生恶变，专家们检查降落在那儿雨、雪的 pH 值，发现比正常值高出几百倍（正常雨雪为中性，其 pH 值为 7）。自此，人们从酸雨的危害中开始认识到人类早已面临着的一个十分严重的问题——生态危机问题。20 世纪 70 年代中期，"瑞典有两万个湖泊濒临死亡，挪威南部 13000 平方公里上所有的鱼类大部分丧生。"④ 紧接着，法国、波兰等国也出现了类似问题。灾难又很快由欧洲大陆到达美洲、亚洲，最后遍及全球。人们发现连古希腊的祭坛、古罗马的斗牛场、埃及的金字塔以及中国的万里长城也都遭到酸雨、酸雾的危害。短短几十年间环境污染问题已成为人类共同的灾难，生态危害已涉及各个方面，"除水污染、大气污染、噪声污染、放射性污染等常见的之外，还有电磁污染、光污染、振动污染以及神经性心理污染等等。"⑤ 环境污染不仅直接"使人的寿命缩短 10% 左右"⑥，而且还从政治、经济等方面危及人类的发展。

如前文述及，造成人类生态危机的根源之一是人类赖以生存的摇篮——森

---

①② 邓英淘：《新发展方式与中国的未来》，第六章，中信出版社 1991 年版。
③ 冯昭奎：《新工业文明》，第三章，中信出版社 1990 年版。
④ 甘道初：《化学大渗透》，第二章，中国青年出版社 1987 年版。
⑤⑥ 朱锋、王丹若：《领导者的外脑——当代西方思想库》，第三章，浙江人民出版社 1990 年版。

林遭受严重破坏。"地球上的森林面积曾达76亿公顷，而现在只剩下41亿多公顷，覆盖率为31.7%。"[1] 目前，每年还以1.65亿亩的速度被砍伐，消耗数量达10多万平方千米，森林面积以将近每年2000万公顷的速度减少，情势已到了极其严重的地步。学者们指出："生态系统是指在一定空间内由植物、动物、微生物与它们存在的环境之间，通过能量流动和物质循环而相互作用、相互影响的有机综合体。"[2] 而森林则是陆地生态系统的主体，森林生态系统本身功能最完善，结构最复杂，它在维护地球生物圈的稳定与地球各种生物层方面具有特殊作用。森林的破坏，必然导致植被破坏、水土流失、河流干涸、土地沙漠化、耕地锐减、气候恶变以及物种灭绝等严重后果，并在经济发展上损失惨重。据联合国沙漠会议估计，地球上每年至少有5万至7万平方公里土地沦为沙漠，全球各沙漠边缘的这类潜在沙漠化土地约2000万平方公里。"我国这类土地约占国土总面积的13.6%，每年沙化土地面积还在以1000平方公里速度扩展。"[3] 从世界范围讲，1958年至1978年，20年间共减少土地6亿公顷以上，"按等差数列计算，20年损失了生态经济效益25.2万亿美元，每年损失1.26万亿美元（1980年美元价）。"[4] 如果再考虑森林的生态经济效益，其经济损失便更为惨重。再从水土流失方面考察，世界农田的流失数量在1984年前后估计为230亿吨，已超过了新土壤的形成[5]。美国每年由于水蚀、风蚀要丧失表土31亿吨，如果这个国家的农民每生产10吨粮食，就要丧失表土6吨[6]。从物种损失方面讲，"由于森林破坏物种灭绝速度加快，前几年地球上平均每天至少有一种生物灭绝，从今年开始，将平均每小时消失一个物种，至2000年，估计有100万生物种从地球上消灭。"[7] 可见，当今人类的生态经济效益损失已无法加以估量。

在经济发展中，由管理失控所造成的能源消耗失控是导致生态环境危机的另一重要原因。正如丹尼斯·米都斯等人在《增长的极限》一书中指出："一氧化碳、热能和放射性废料，是人类按指数增长率输送到环境中的许多扰乱因素中的三种。"加之工业废气、废水和垃圾污染造成的大气污染、水质恶化、气候

---

① 李卫东：《世界林业现状和前景》，载《人民日报》1991年3月12日。
② 汪松、李文军：《天然物种的宝库——森林》，载《人民日报》1991年5月8日。
③ 高志义：《沙漠化的克星——森林》，载《人民日报》1991年5月3日。
④ 邓英淘：《新发展方式与中国的未来》，第六章，中信出版社1991年版。
⑤ 莱斯特·R.布朗等：《纵观世界全局》，第四章，中国对外翻译出版公司1985年版。
⑥ 莱斯特·R.布朗等：《经济·社会·科技——1988年世界形势述评》，第十章，科学技术文献出版社1989年版。
⑦ 《危机四伏的地球》，载《人民日报》1990年4月22日。

反常、农业生产环境的破坏，以及噪声对人类精神的摧残，人类生存的环境也面临着极大的危机。据测定，全世界的淡水只占全部水源的 2.5%，现在每年约有 400 亿立方米污水流入江河湖泊，使占全球 14% 以上的水体遭受污染，造成淡水资源日益减少。目前，"全世界有 3/4 的农村和 1/5 的城市人口全年得不到足够的淡水，10 亿人在饮用污染的水。"① 据 1985 年统计，在中国，"全国污水排放量达 342 亿吨，其中工业废水 256.5 亿吨，占 75%。……80% 以上的污水未经处理直接排入水域，造成水体污染。全国由于水污染造成的直接经济损失每年高达 200 亿元。……2000 年将高达 233 亿元。"② 同时，由于水域的污染，"11 亿人口，只有 2 亿多能喝上符合卫生标准的洁净水。"③ 监测资料表明，"27 座主要城市的地下水大多数都已有不同程度的污染。"④ 淡水污染已成为人类自下而上所面临的最严重的问题。从大气污染方面讲，工业生产中每年要向大气层排放出高达 2400 万吨硫酐和近 2000 万吨氧化氮。据 1988 年美国橡树岭国家实验报告测定，"全世界各国燃烧矿物燃料而产生了约 190 亿公吨二氧化碳"⑤，其中有 2/3 是由工业发达国家排放的。煤、石油等矿物资源消耗所排放的气体是造成以上所描述的酸雨、酸雾公害的根源，"一座 100 万千瓦的燃煤电站每年烧煤约 300 万吨，产生二氧化碳 70 万吨，二氧化硫 12 万吨，氧化氢 2 万吨，灰渣 75 万吨。"⑥ 世界各地的这种燃烧结局便酿成十分惊人的流动污染现象，形成跨国性酸雨、酸雾，在国与国之间制造混乱，这是人类自己对自己所进行的"一场化学战"。由于水与空气的严重污染，又造成疾病在世界蔓延，从发展中国家来看，"每天有 4 万多名儿童因营养不良和感染各种疾病而死去，每年有 500 万 5 岁以下的儿童因腹泻而丧生，有 880 万名儿童分别死于呼吸道感染、麻疹、破伤风或疟疾，300 万虽幸免于死但落下残疾和生理缺陷。"⑦ 此外，工业排出的过量二氧化碳、甲烷等又造成"温室效应"现象出现，从现在到 2050 年预计地球平均气温将上升 1.5 ~ 4.5℃，而工业排出的氯氟烃又是破坏地球保护伞臭氧层的元凶之一，这些都已构成对人类的威胁。在污染源中，工业垃圾给人带来的

---

① 王尚志、钱黄生：《水源频频告急，威胁人类生存》，载《人民日报》1990 年 8 月 21 日。
②④ 中国 2000 年水环境预测与对策研究课题组：《2000 年中国水环境面临的问题》，载《中国环境报》1988 年 7 月 23 日。
③ 杨振怀：《水利，也是国民经济的基础产业》，载《人民日报》1990 年 6 月 26 日。
⑤ 柯边：《发展再生能源，缓和全球变暖》，载《人民日报》1990 年 6 月 11 日。
⑥ 强玉才：《90 年代世界能源展望》，载《瞭望》海外版 1990 年第 15 期。
⑦ 郭伟成：《为下一代创造一个干净的地球》，载《人民日报》1990 年 6 月 19 日。

灾难日益严重，全球每年新增垃圾 100 万吨左右[1]，人均达 20 吨，而每年产生垃圾的总数已超过 100 亿吨[2]。其中，被称为"白色灾害"的地膜垃圾已严重危害到农田土质，第二次世界大战以来所留下的武器垃圾所产生的化学有害物质将直接危及人类生命安全。此外，1957 年以来形成的太空垃圾也将构成危害地球的一大污染源。更使人忧虑的是，垃圾污染早已从陆地扩展到海洋，每年有 200 亿吨垃圾倾入海底，每天还有 639000 件丢弃的塑料垃圾散落于海洋之中[3]。据初步估计，每年流失入海的石油约 1000 万吨，氯联苯 25000 吨、铜 25 万吨、锌 390 多万吨、铅 30 多万吨。此外，每年约有 5000 吨汞最终进入海洋，留存于海洋中的放射性物质约 2000 万居里，这些将使 80% 以上的海域受到污染[4]。自 20 世纪以来，世界上先后发生的 20 次海上严重漏油事件，又进一步加速了海洋的污染。就局部海域而言，如地中海、黑海、咸海以及南极海域都在不同程度上遭到污染。欧洲人面对地中海污染状况早已疾呼："地中海正在慢慢死去"[5]。自然，工业所形成的许多污染源最终都危及农业，使农业环境遭到破坏。有害的气体、污水与粉尘不仅造成农业减产，而且使农产品、水产品发生恶变，最终危害到人类自身。专家们指出患癌的病源在很大程度上是由于农作物、水产品遭受污染造成的。在环境恶化威胁迫使下，在未来 50～100 年内，地球上将有 5000 万人沦落为环境性难民[6]。在世界性恶性循环日益加剧的情况下，地球上的每一个人都应当正视这样一个问题：人类用自己勤劳的双手在地球上创建了一个美好的文明社会，而今后，如果人们不把治理环境、消除经济与环境之间出现的恶性循环放在战略地位上对待，那么，人类便有可能用同样的一双手毁掉这个文明世界。

诚然，在联合国统一指挥下，近几十年来，人类不仅已认识到这一问题的严重性，并着手解决这一问题。正如笔者在《走向宏观经济世界的现代会计》一文中所强调指出的：早在 1972 年联合国便成立了环境规划署，负责组织协调联合国系统内的环境保护活动。其后，各国政府也相应建立了环境保护部或环保局。在治理生态环境方面，世界开始朝着一致行动的方向发展。综合考察联

---

[1] 沈颖：《一个全球性的环境问题：垃圾》，载《人民日报》1990 年 5 月 22 日。
[2] 余洋：《向垃圾要收益》，载《人民日报》1991 年 8 月 17 日。
[3] 吴日光：《海洋塑料污染日益严重》，载《人民日报》1991 年 6 月 1 日。
[4] 谢联辉：《海洋污染与日俱增》，载《人民日报》1991 年 2 月 22 日。
[5] 李成贵：《地中海遭严重污染》，载《人民日报》1990 年 10 月 27 日。
[6] 王大坤：《在下世纪将出现环境难民》，载《武汉晚报》1990 年 3 月 26 日。

合国与世界各国在治理生态环境方面所做出的努力，其工作的主要成效在于：

①频频举行国际会议，集中研究、讨论生态环境问题，以此协调各国的行动。1970 年，世界举办了第一次"地球日"活动，让人们明确我们"只有一个地球"（Only One Earth），可以讲，这是人类正式关心生态环境问题的起源。在1972 年召开的第一次"联合国人类环境"会议上，通过了《人类环境宣言》和《人类环境行为计划》。此后，又通过各种环境会议，逐步在国际范围内形成了"环境外交"①。近年来，环境国际会议频繁召开，1990 年元月，在莫斯科召开了由 80 多个国家和地区代表参加的"环境与发展全球论坛会议"；3 月在温哥华召开了题为"地球 90"的国际环境会议；6 月的 86 国伦敦会议修订了为保护臭氧层和全球环境而签订的《蒙特利尔协定书》；在 1990 年金秋召开的世界环境、气候会议可谓盛况空前，10 月份的泛欧环境会议通过了加强环境保护的最后文件，拉美第二届环境保护会议通过了一项环境保护行动计划，而亚太地区环境与发展部长级会议又通过了《无公害环境与发展宣言》。1991 年的国际会议在环境问题研究与治理方面又有进一步发展，4 月的煤与环境国际大会及国际农业环保会议，5 月的第 11 届国际气象大会，6 月美洲开发银行举行的环境磋商会议都取得了一定成效，尤其是 6 月 18 日至 19 日在北京举行的发展中国家环境与发展部长级会议所签订的《北京宣言》，充分体现了发展中国家在治理地球生态环境中的重要作用。使世界各国深受鼓舞的是 1991 年 9 月初在日内瓦举行的联合国环境与发展大会第三次筹委会，经过 100 多个国家的代表 20 多天的讨论，已形成了"地球宪章"和"21 世纪议程"等 1992 年巴西首脑会议主要文件的框架，这将是人类治理地球生态环境的一个重大历史性转折。正如联合国环境规划署执行主任托尔巴博士所讲：环境作为地球生命的支持系统，现已公认是一个不可分割的整体②。在联合国组织下，世界各国正在通力合作，逐步实现世界环保一体化。

②采取具体措施解决环保问题。近几十年，世界上不少国家先后有不少治理环境的办法出台并付诸实践。早在 20 世纪三四十年代，人们便从绿色生态工程建设着手改善本国周围的生态环境，到 80 年代这些世界著名的生态工程已在一定范围内发挥了作用。国际科联环境学问题委员会运用生态学知识，协调人口、资源、环境与发展关系，开展生态经济建设，他们所确定的工程建设目标，

---

① 明非：《国际关系中的新课题"环境外交"》，载《人民日报》1990 年 1 月 5 日。
② 何崇元：《全球关注环保问题》，载《人民日报》1990 年 12 月 25 日。

被人们称之为"迈向 21 世纪的工程壮举"。把环保作为基本国策的中国，力求通过农林结合促进生态良性循环，在生态农业、林业建设方面成效显著。为了维护生态环境，不少国家采取了强硬措施，如阿根廷的生态探险俱乐部基金会，该组织所起的作用被人们称为"生态警察"；奥地利首都维也纳已有正式生态警察局的设置，专门同污染环境者做斗争。法国人还建议联合国筹建"多国环保部队"，它的总统密特朗已向爱丽舍宫官员下达指令，命其研究建立多国绿色部队的计划[①]。此外，许多国家以立法的形式保护淡水、森林资源与环境，另有一些国家则开始用经济手段治理生态环境，如法国人早在 1985 年便制定了空气污染附加税收费规定，并不断地提高税额比例[②]，在曾经的联邦德国所公布的法律条文中，明确规定："预防或治理环境污染的一切费用均由当事人或肇事者承担。"[③] 中国也于 1990 年 6 月颁布了《中华人民共和国防治海岸工程建设项目污染损害海洋环境管理条例》。各国在治理生态环境方面的投资也在不断增加，"据估计，在 2000 年前，全世界每年需要 1500 亿美元的资金用于对付严重的全球环境问题。"[④] 世界上不少国家正在为实现"高技术走向无公害化"而奋斗，人们已把资源利用与改善环境、提高经济效益结合在一起。

正如英国哲学家弗兰西斯·培根所讲："自然，必须服从它，才能指挥它。"解决环境问题最根本的还是经济问题，而经济问题中的关键又在于管理，无论是宏观经济控制，还是微观经济控制，应遵循的一项最基本原则便是服从大自然发展的客观规律，要在自然资源利用、环境保护与经济发展之间寻找一个和谐的量，通过量的分析、认定，再寻求一种相协调的运转规律，让这个规律来支配我们的行动。正如克里斯汀·雷帕特所指出的：应把当前危害环境的工业体系改变成一个对生态更为有利的工业体系[⑤]。控制能源的消耗量既可以有效地进行成本控制，确立经济效益实现的基础，又可以监控能源耗散向无效状态转化，杜绝环境污染之源。必须注意，把握经济发展中"量"的极限在维护生态环境中的重要作用，如果人类能在世界范围内，实现对能源、资源消耗量的核算与控制。那么，经济的文明建设便不会处于失调状态，人类也便可以不断排除对经济中的故障从繁荣走向更加繁荣。如何通过强化宏观、中观与微观会计

---

① 新华社：《法建议组建多国环保部队》，载《人民日报》1991 年 8 月 3 日。
② 李峻：《空气污染附加税》，载《人民日报》1990 年 9 月 8 日。
③ 杨真：《狡兔不惧人——西德环保一瞥》，载《人民日报》1990 年 8 月 1 日。
④ 新华社：《联合国环境规划署呼吁：世界各国保护全球环境》，载《人民日报》1991 年 5 月 29 日。
⑤ 克里斯汀·雷帕特：《经济增长的社会代价》，载《经济译丛》1987 年第 3 期。

控制，使任何一个单元经济的发展，都能达到生态效益与经济效益的统一，这也将是下世纪会计控制工作中的一个新课题。

（4）和平危机

自 20 世纪后半期以来，"战争与和平问题已成为大多数国家对外政策的中心问题。"[①] 当今，尽管世界发生了突出的变化，然而，和平与发展依然"是人们最为关切的问题。和平，归根到底是为了发展。"[②] 回顾历史，自有人类社会以来，战争一直连绵不断，它的阴影始终笼罩着文明社会。人们为了解决"战争—和平"问题，呕心沥血，费尽心机，呼吁和平，反对战争，然而，这一问题却始终未能解决。据统计，从公元前 3200 年到公元 1964 年，在这 5164 年里，世界共发生战争 14513 次，在此期间只有 329 年是和平的。战争使 36.4 亿人丧生，损失的财富折合为黄金，可以铺一条宽 75 千米、厚 10 米、环绕地球一周的金带[③]。其间发生的两次世界大战，其损失更为惨重，第一次世界大战在八个国家领土内进行，死亡 900 万人，财产损失总额 300 亿美元；第二次世界大战，遍及 40 个国家，死亡 5000 多万人，财产损失达 3150 多亿美元[④]。另据匈牙利学者统计，在第二次世界大战后的 37 年里，世界上又爆发了 470 余起局部战争，在此期间，在世界范围内，无任何战争的日子仅 26 天，美联社提交的一份报告中讲，第二次世界大战以来大约又有 1000 多万人死于战火[⑤]。

然而，是否随着现代科技、现代经济的发展，使"生产结构的工业化可能改善安全结构中稳定和平的机会"[⑥]，是否"发达的工业国也许不大想进行战争"[⑦]，这些可不是仅通过一般性讨论便可以做出结论的问题，尤其是对当今那些乐天派来讲，还需要奉劝他们把发热的头脑通过降温冷静下来。正如英国学者苏珊·斯特兰奇在评价法国著名作家、记者、教授雷蒙·阿隆的论著时所讲："他可能明白，工业化决没有消除战争，因为它没有消除对权力的渴望，而战争仍旧是获得权力的一种手段。核大国之间的威胁平衡是不稳定和脆弱的；核武器的扩散还带来了发生战争灾难的新风险。"[⑧]应当讲，这是十分冷静而清醒的认

---

① M. M. 马克西莫娃：《世界发展的全球问题的实质、原因、解决途径》，参见《新时代的全球问题》，第一章，莫斯科思想出版社。
② 陆红军、高欣：《文化差异与人力资源——人力资源跨文化学概述》，载《百科知识》1991 年第 4 期。
③ 《古今战争小统计》，载《海外星云》1991 年第 3 期。
④ M. M. 马克西莫娃：《世界发展的全球问题的实质、原因、解决途径》，参见《新时代的全球问题》，第一章，莫斯科思想出版社。
⑤ 《古今战争小统计》，载《海外星云》1991 年第 3 期。
⑥⑦⑧ 苏珊·斯特兰奇：《国际政治经济学导论——国家与市场》，第三章，经济科学出版社 1990 年版。

识。事实上，第二次世界大战后出现一些现象使不少人逐渐变得麻木起来。尽管在此期间国际关系经历了人类历史上最深刻的变化，以至这些变化还在朝着人们意想不到的方向发展。在以往很长一段时间，超级大国的军备竞赛几乎到了疯狂程度，"但世界并没有被抛入第三次大战的漩涡。各国核武器的总当量超过了 200 亿吨 TNT，足以把地球摧毁几十次。"① 这种情形正如人们从中国"狼来了"的寓言故事中悟出来的道理一样，世界上总是在叫喊着要发生核大战，可任凭怎么狂叫也没发生。为此，人们又进一步变得麻木起来了。当然，人们不能把当今的"和平危机"简单地归结为"核战争"，这是因为，随着当代世界政治、经济与科技形势发生变化，诱发战争的导因也在发生重大变化，及至研究实现人类和平与发展问题的目标也在发生变化。要揭示战争与和平之间的关系，必须从深入研究"科技—经济"的关系入手。正如邓小平所讲："现在世界上真正大的问题、带全球性的战略问题，一个是和平问题，一个是经济问题。"② 两大问题之中，经济问题又是其中的关键，要分析当今和平危机的根源，又必须系统考察现代经济的发展变化与发展趋势。

①引发未来世界性战争的第一势态——由"科技→经济"向"政治→军事"的演变，及至最终向战争的演变。第二次世界大战后，不少国家都在战争的创伤中反思，并逐步从战争的阴影中摆脱出来，其中有些国家开始走上"教育—科技—经济"的发展道路，当高新科技产业卓有成效地改变了一些国家的国民经济产业结构的时候，一些"经济大国"开始以崭新的姿态屹立于世界一方。随着这些经济大国和工业强国经济势力向国外延伸，人类开始了国家经济走向世界的时代，"跨国公司"或"多国公司"成为国际型的经济明星。与此同时，区域性经济集团的崛起，使世界进入巨大经济实体既相互依赖又相互对抗的时代。如同山与海相依存可以造就大自然美丽的奇观，又犹如山崩海啸可以酿成人类的重大灾难，这便是可以用来形容当今在世界经济巨人之间可能出现的两种相背离结局的比喻。未来的世界在经济巨人之间展开的经济竞争依旧是主旋律，经济竞争的制高点则是高新技术之争，因此，当今经济大国所制定的全球战略首当其冲的便是科技战略。日本人把科技看作"经济活动的核心部分"③，西欧人认为："科技在很大程度上是霸权的基础。"④而美国人则毫不掩饰

---

① 朱锋、王丹若：《领导者的外脑——当代西方思想库》，浙江人民出版社 1990 年版。
② 邓小平：《建设有中国特色的社会主义》，人民出版社 1984 年版。
③④ 宋毅等：《大科学时代的呼唤》，载《新华文摘》1989 年第 7、8 期。

地讲："高技术的优势地位，保证了美国在世界上政治及经济中的领导地位。"①此外，就连韩国也于1989年宣布了一项耗资达388亿美元的5年高科技开发计划，宣称："到2000年要跨入世界高科技十大强国之一。"十分明显，确定高新科技战略的出发点归根到底是为了确立进行经济竞争的支柱。"如果说美国发展高科技是从'星球大战'开始的话，那么，现在它已转向贸易大战。"②举目可见，当今世界各国已把主要力量投入到国际市场竞争之中，并从强化科技优势着手，不断增强本国在国际市场上的竞争实力。现在，许多日本人争读《技术称霸时代》一书，热衷研究高新科技与国际市场竞争之关系，他们早已领会到，只有把高新技术的优势发展到越来越强的地步，方能把经济扩张与经济竞争的手伸得越来越长。所以，专家们指出："自1987年以后，以军事为后盾的政治斗争在更多的领域已表现为以科技为后盾的经济斗争了。这种时代也可以叫作：由'军事称霸'转变为'技术称霸'的时代。"③当然，在"技术称霸"时代，军事不仅没有失去作用，反而增强了它的作用，只不过它的刀光剑影深深隐藏于国际性经济发展所形成的宽阔幕后而已。有些人从表面上观察，似乎"武器装备对于征服领土是有用的，对于商品和劳务的出售就没什么用。"④ 在经济发展与和平之间画上一个等号，完全否定军事与经济之间的关系，这就过于绝对化了。正如笔者在《会计控制论》一文中指出：世界型经济联合群体的出现，"使原来事关一国、一地和一个企业经济命运的问题，扩大到事关数国与多个企业经济兴亡命运的问题。在经济联合实体中，某一部分或某一环节的败迹，便会导致像多米诺骨牌游戏一样的后果，使数国与多个企业的经济发生连锁反应，甚至因局部败迹的重创使整个经济联合实体发生倾倒。"既然发展高新技术目标在于追求经济效益，既然结集成巨大的经济实体是为了增强经济实力与竞争能力，那么，一旦在那些失去国际经济法制约束的巨型经济实体之间权益分割不均之时，一旦在所谓合法与不合法、合理与不合理以及在公平与不公平之间发生颠倒之时，一旦军事方面的强者在经济竞争中遭到惨败之时，重大的经济冲突最终必将导致重大的军事行动，这样，局部战争甚至是全球范围的战争便不可避免。当今，也许旧有的军事集团会随着新的经济关系的变化而趋于解体，也许旧日军事上对抗的双方会在经济方面形成携手合作关系。然而，就整个世

---

① 宋毅等：《大科学时代的呼唤》，载《新华文摘》1989年第7、8期。
②③ 张柏林：《高技术发展与未来战争》，载《未来与发展》1990年第3期。
④ 苏珊·斯特兰奇：《国际政治经济学导论——国家与市场》，第三章，经济科学出版社1990年版。

界来讲，一种旧的对抗的消失代之而起的将会是另一种新的对抗关系，以经济权力与经济利益为转移的敌友关系，也完全有可能会发生颠三倒四的变化，欧共体军事力量建设的计划便是一个最能说明问题的例子。事实表明，"军事技术是科学技术的最新成就利用得最多、反映得最迅速、最集中的一个领域。"① 高新技术可以用于高速度地发展社会生产力，亦可能用于军事制造毁灭人类文明的更加尖端的杀人武器。可以讲，当今世界"一切政治、经济、军事的竞争归根到底都与科技竞争保持着'血缘'般的联系，它们往往要通过科技能量的释放显示其所具有的所谓综合实力。从一定意义上说，谁在科技角逐中获胜，谁就将在未来的发展中立于不败之地"②。在 20 世纪，在经济集团与经济集团之间，武器技术革新方面的争夺与差异，自然而然会威胁着全球的安全结构，并会随着经济权益的恶变使战争处于一触即发状态。美国在 1982 年发布的被阿尔温·托夫勒称之为"第三次浪潮时期的战争"的《2000 年空地一体战》纲要③，便是从高新科技发展对未来战争影响出发拟定的。此次海湾战争伊拉克不仅成为美国高新技术兵器的试验场，而且是《2000 年空地一体战》纲要中某些内容实施的场所。1983 年，美国总统里根提出的"星球大战计划"，要求在 2010 年在"天基"和"地基"上部署包括激光、粒子束、微波束、等离子束在内的定向束能武器④，也是建立在高新技术发展基础之上的。1988 年，美国陆军又公布了使用机器人战斗群的"多维概念"方案，并计划于 2004 年投入使用⑤。这种被称为结集"机器人军团"的"纲领军"，已把高新技术在战争武器制造方面的结合推进到一个新的历史阶段。当然，苏联发展中的战争武器——"太空雷""快速攻击卫星"和"空间发射激光武器"等⑥，也同样是具有针对性的高新技术产物。由此人们不难看出，如果没有从高新技术发展的角度和从支撑本国、本经济集团经济竞争的角度，对世界明天的战争做出切实的构想，并确认战争会向着尖端化发展，那么，也便不会产生那些耗资达百万亿美元或数百亿美元的军事行动计划的诞生。基于这一点，笔者认为，一些经济强国的"纲领军"——陆军机器人兵团、海军机器人舰队，以及所谓"天军"——航天部队等军事建设目标，确实是按照"科技→经济"向"政治→军事"，乃至向战争演

---

① 孔德琪：《论科学技术发展与军事的关系》，载《科学·经济·社会》1987 年第 3 期。
② 宋毅等：《大科学时代的呼唤》，载《新华文摘》1989 年第 7、8 期。
③ 张柏林：《高技术发展与未来战争》，载《未来与发展》1990 年第 3 期。
④⑥ 张正仑：《科学技术与军事发展》，载《瞭望》周刊 1986 年第 25、26 期。
⑤ 孙晓峰：《机器人战斗群》，载《科学画报》1990 年第 4 期。

变这种发展势态进行的。这些经济强国力求在未来世界里实现"科技—经济"与"科技—军事"的双重结合，也是以此作为既定目标的。

事实上，在今天的"和平环境"之下，经济摩擦、纠纷、矛盾正在经济强国和经济强国或经济集团与经济集团之间频频发生。愈演愈烈的国际性企业情报战表明，各经济集团彼此都在向对方张起一张防不胜防的情报网，并不择手段地盗取对方的经济情报，以在竞争中击倒对手、发展自己。从世界经济战略上考虑，美国人已把日本人看成自己的经济敌手，它已清楚地看到，日本人正在极力摆脱美国，以扩大以日本企业为核心的区域性市场，最终在经济上控制亚洲，对于美国来讲这是决不可以听之任之的。同时，专家们指出："亚欧问题已成为整个日美关系的缩影。"① 从企业对峙方面考察，随着美日经济实力消长的变化，美日关系也逐渐趋于紧张状态。据《华盛顿邮报》公布："世界十大公司中，美国仅占两家，而日本却占 7 家；世界十大银行均由日本包揽，美国最大的花旗银行仅排第 24 位；日本在美国的累计直接投资总额高达 533 亿美元，而美国在日本的同类投资只有 169 亿美元。"② 加之美国对日本的贸易赤字连续 4 年在 500 亿美元上下徘徊③，这种越来越大的威胁已使美国人产生警惕。据调查，现在已有 25% 的美国人对日本失去好感，指责日本是一个"贪婪"的国家，而日本反过来也瞧不起美国人，他们普遍认为美国是一个"懒惰衰落的巨人"④。鉴于美日关系处于战后的最低点这一事实，《人民日报》记者曾作过这样的评论："随着日本经济实力的进一步加强，加之美国将其国家安全的重点由军备竞赛逐渐转向经济竞争，美日之间的经济摩擦及矛盾必将激化。"⑤

与此同时，日本人与欧洲人的关系也开始紧张化。"日本在今年头 5 个月里同 12 个欧洲共同体成员国的贸易顺差达 120 亿美元，到今年年底顺差可能要达到 300 亿美元……日本在欧洲的投资额也比欧共体几个成员国在日本的投资额高出 17 倍。"⑥ 这种越来越大的逆差，使欧洲人已意识到日本经济正以最快的速度向欧洲大陆渗透和入侵。所以，在法国总理埃迪特·克勒松就任之前就曾指出：日本人正在谋求"征服世界"，因此，他们是西方国家的"共同敌人"⑦。当东西方冷战结束，欧洲人对日本、美国的警惕性便陡然提高起来。从美国和欧洲的关系方面讲，早在 20 世纪 50 年代，美国的跨国公司便长驱直入欧洲，其后逐

---

① 《日美关系的新火种——美国担心日本控制亚洲》，载《东洋经济》周刊 8 月 24 日。
②④⑤ 张亮：《美日关系面临新的考验》，载《人民日报》1990 年 2 月 27 日。
③ 张允文：《贸易摩擦加深了美日矛盾》，载《人民日报》1990 年 4 月 7 日。
⑥⑦ 法新社：《欧洲密切注视着"日本的入侵"》，载《参考消息》1991 年 7 月 16 日。

步推进，形成足以与欧洲大陆各国经济抗衡的力量，于是美国与欧洲国家的经济关系便日益紧张起来，矛盾亦日益加深。当苏联这个超级大国解体，所谓"苏美两极支配体制"陷于崩溃之际，有一部分学者认为，世界正在形成"日美欧三级体制"①。如果这些学者所做出的结论可能成立的话，那么，依笔者之见，这个"三级体制"将是一个经济循环对抗的体制，这个体制中的经济区域，也将是世界上经济竞争、争夺最尖锐、最危险的区域。由此，即使过去东西方的问题得以解决，也将会产生"新的东西方问题。"② 综上分析，本文认为，世界集团化、区域化经济的膨胀，与它们之间围绕经济权益所展开的竞争，以及在21 世纪"科技—经济"与"科技—军事"双重性结合的历史性趋向，将是造成21 世纪和平危机的重要原因之一。

②引发未来世界性战争的第二势态——由能源、资源危机到能源、资源争夺，乃至向战争的演变。上文已用较大篇幅对世界能源、资源危机状况作出了描述，表明这一危机的严重性。下文将进一步分析这一危机的严重性，并把这一危机所酿成的后果与未来战争的诱因联系起来考察，以说明导致21 世纪和平危机的另一根本性原因。造成能源、资源危机的原因，不仅在于天赋资源的有限性，而且还在于它的分布与使用严重地存在着尖锐的矛盾。据20 世纪70 年代的统计，"阿拉伯世界肯定占有已发现的世界普通石油的52% 以上。"③ 其中沙特阿拉伯"就拥有世界普遍石油资源的23% 至25%，比美国和苏联的总和还要多……仅次于沙特阿拉伯的国家是科威特，它占世界普通石油储藏量的10.5% ……伊拉克拥有5.7% 的世界石油……"。④据20 世纪80 年代出版的另一统计资料介绍："世界上60% 的石油贮藏在科威特、伊拉克、伊朗和沙特阿拉伯。"⑤该地的石油出口量也占世界的40% 以上。同时，其他资源分布也极不均衡，优质铁主要埋藏在美国、苏联和澳大利亚；有50% 以上的煤集中在苏联、美国、中国和曾经的民主德国；黄金富矿主要在南非和加拿大。然而，这些资源的利用情况却恰恰相反，如石油消耗的几个大户是美国、日本和西欧国家，美国石油的净进口量每天为766.1 万桶，其中有206.4 万桶来自海湾地区；日本每日进口石油平均为548 万桶，其中有354 万桶来自海湾地区；而西欧国家每日进口石

---

① 伊藤宪一：《日欧如何对待美国一极化——在信息革命时代日美欧三极主导体制的意义》，载《中央公论》1992 年7 月2 日。
② 中西辉政：《世界处在统一和分裂的十字路口》，载《东洋经济》周刊1991 年8 月31 日。
③④ 让·雅克·贝雷比：《世界战略中的石油》，第一篇，新华出版社1980 年版。
⑤ 甘道初：《化学大渗透》，第二章，中国青年出版社1987 年版。

油数量为 823.5 万桶，其中有 51.9% 来自海湾地区。正如美国石油专家沃尔特·莱维所讲："如果其他情况不变的话，沙特阿拉伯在自己生产或财政需要之外，每年要特为美国生产二亿五千万吨石油。"[1] 至于西欧这个"几乎毫无动力资源"[2] 的地区，它对于阿拉伯产油国的依赖便可想而知了。总的来讲，世界能源、资源的消耗情况是："占世界人口 25% 的发达国家消耗了世界资源的 80%，它们不仅导致了宝贵自然资源的挥霍和浪费，而且对环境也造成严重污染。"[3] 这其中又以美国为最突出，美国的矿物燃料消耗量占世界总量的 28%[4]。正如比利时学者让·雅克·贝雷比在《世界战略中的石油》一书中所评述的："美国的悲剧就在于它毫无远见地滥用世界上最为丰富的资源，同时，又推动了远离美国的近东油矿的发现，而这种油矿恰恰又是产量最高、成本最低的。"这样，美国自身的石油开采在成本方面便毫无竞争能力，这种情况所造成的后果，美国政府在 20 世纪 70 年代初便已自我醒悟，正如它的代言人所讲："当美国过分依赖阿拉伯石油时，即至迟在 1980 年前，华盛顿就会失去外交政策的独立性，特别是会失去它的近东外交政策的独立性"[5]。以上种种情况，事实上已为 20 世纪 90 年代的美国、西欧与日本介入中东战争埋下了伏线。

人们也许对于 19 世纪的历史记忆犹新，当年，葡萄牙、荷兰、英国、法国、德国、意大利等曾用武力掠夺他国的资源，随着世界政治、经济形势的变化，暴力掠夺已成为历史，发达国家要想取得他国的资源就须得通过商品货币交换，这大概就是整个 20 世纪能源、资源开发、利用的历史。但必须注意到的问题是历史现象的反复性，即历史现象重新出现的规律，当年付诸武力的资源掠夺方式，今后很有可能再现于世，因为战争毕竟是获得政治、经济、权力的一种手段。能源、资源的相对"有限"与人类对于能源、资源的消耗相对的"无限"，早已成为一对十分尖锐突出的世界性矛盾。加之能源、资源损失与浪费现象日趋严重，又进一步加深了能源、资源短缺的紧张状况。不可否认，人们会通过勘探新的矿源和讲究高效利用、开发再生能源，以及打破地球有限的时空。从外星取得能源、资源，甚至这些在缓解能源、资源危机方面能够起到决定性作用。但是，在现时与未来之间毕竟存在着时空上的差距，不少人通常只注意把握现时而不去顾及未来，这是因为现实就在身边，他们可以唾手可得。世界上

---

[1] 让·雅克·贝雷比：《世界战略中的石油》，第一篇，新华出版社 1980 年版。
[2] 《东方石油》1971 年第 57 期。
[3][4] 王娅：《人类面临环境问题的挑战》，载《人民日报》1991 年 4 月 19 日。
[5] 《东方石油》1972 年第 79 期。

相当大的一部分人是这样，尤其是那些握持权柄的人。何况人类已在漫长的岁月里形成了一种按常规思考问题的方式，甚至可以说是一种顽固的思想方式，这种思想方式已经造成了恶果，加之在相当长历史时期内未能觉悟，已是"积重难返"。此外，能源、资源危机通常带有隐蔽性和突发性，"在资源紧张时，动用武力来满足需要，似乎具有重大诱惑，无力摆脱依赖关系而产生的挫折感事实上会导致战争而非和平"[①]。从爆发的石油战争中可见，80 年代的两伊战争实质上是为石油而战，20 世纪 90 年代由伊拉克入侵科威特所引起的海湾战争其目标亦在于石油，美国、日本、西欧诸国也都冲着石油而来，在这次战争中有出色表演。所以海湾战争的表象是"空地一体战"，实质却是为油而战，是为发达国家较为长远的经济利益而战。可想而知，今天在地球上还有相当数量的石油可供开发与利用之时，大规模的石油之战已使人惊心动魄。那么，当石油日趋枯竭，石油供给日趋紧张，那些旧日唾手可得的矿物能源将告罄之际，石油争夺之战便更加难以幸免了，而且那还将是在更大规模之上所进行的战争。

当人类开始向海洋索取能源，发展海洋经济的时候，一时间海洋便成为兵戈相见之域。20 世纪 60 年代以来，当西太平洋地区资源开发进展迅速，其经济增长速度超过世界平均水平时，美苏便加紧了对西太平洋地区的争夺。纵贯西北太平洋，形成了美国的梯次军事基地体系，并以第 7 舰队作为第一战略梯队，与其对峙。苏军则以重兵驻守远东，总兵力达 129 万人。这便是海洋能源开发、海洋经济发展与海军军事力量抗衡混为一团的局面。从局部看，位处南大西洋的马尔维纳斯群岛，周围大陆架富藏石油、天然气与锰矿等，其中石油储藏量达 60 亿桶，数倍于英国北海油田储量。因而，为争得该礁岛主权，终于酿成英阿海域大战。正如评述人所讲："轰动世界的英阿马岛之战，背后就隐藏着对海底资源的掠夺。"在亚洲，之所以有些国家公然侵犯我国海疆——钓鱼岛和南沙诸岛，其基本目标也在于企图掠夺我国海底资源。据此，专家们指出：海洋战略将是 21 世纪的主导战略，人类在走向"第二开发领域"——海洋进军过程中，日趋突出的问题便是海洋资源的争夺问题。如果人类不采取有效的办法针对性地解决这一问题，未来海洋资源争夺之战将不可避免。因而，人们决不可以过早地做出结论，轻易断言资源问题在国际关系中的地位将逐步下

---

① 朱锋、王丹若：《领导者的外脑——当代西方思想库》，第三章，浙江人民出版社 1990 年版。

降①，也不能妄加推论，在信息革命时代，"战争已不再是解决国际冲突的现实手段。而且，经济力量取代军事力量，越来越成为左右国家之间权力斗争趋势的工具。"② 殊不知，在未来经济之战日趋激化的情况下，经济发展的第一后盾是科技，而第二后盾便是军事手段了。对于任何一个经济集团来讲，当它在经济上行将步入绝境或受到敌对集团威胁的时候，它便不得不付诸武力，那么，这个经济集团为了生存的需要便可以直接转化为军事集团。

③引发未来战争的第三势态——由生态环境恶化、生态环境掠夺、生态环境侵略向战争的演变。在环境问题研究方面，悲观论者认为自然环境存在着一种"绝对极限"，而乐观主义者又从另一方面做文章，对环境危机不以为然。而不少生态学家和环境学家都能辩证看待这一问题，他们认为："经济发展过程是有限度的，它摆脱不了地球生态系统自然参数的制约，……清楚地看到日益增长的经济对自然系统和资源的破坏。如果继续单纯追求经济增长而不采取措施保护地球生态系统，就会贻害子孙，最终导致世界经济崩溃。"③ 自然而然，世界经济的崩溃将会导致更为严重的后果，它将危及世界和平，引发世界性战争。从地球生态环境问题的严重性出发，世界观察研究所莱斯特·布朗提出：在这个历史新时代，"拯救地球的战斗将代替意识形态方面的战斗，成为建立世界新秩序的主旋律。"④那么，生态环境危机与未来战争的连带关系究竟在哪里呢？笔者认为，这里首先要围绕下述一个极其重要的问题进行深思、审视与研究：

世界南北关系问题日趋突出，矛盾日益加深，其原因不仅在于日益扩大的经济差距，而更为重要的方面还在于生态环境问题，这是因为前者在一定程度上受到后者的影响。南北关系中的生态环境问题集中表现在三方面：一是"生态侵略"问题。发达国家把国内不允许建设的危害生态环境的工厂转移到环境保护较宽松的发展中国家，或者向一些发展中国家倾倒有毒垃圾，以此达到损人利己的目的。如 1984 年 12 月，美国设在印度博帕市的一家化工厂，便因发生剧毒物质外泄导致 2 万多人死亡，造成了震惊世界的惨案。再如 1988 年 8 月，意大利向尼日利亚倾倒有毒垃圾事件，是生态侵略的又一事实。从 1980 年至

---

① 德惠、赵一明：《科技发展与战争演变》，载《科技日报》1991 年 2 月 4 日。
② 伊藤宪一：《日欧如何对待美国一极化——在信息革命时代日美欧三极主导体制的意义》，载《中央公论》1992 年 7 月。
③④ 莱斯特·R. 布朗：《拯救地球应成为世界新秩序主旋律》，载《参考消息》1991 年 7 月 8 日。

1988 年，"发达国家向发展中国家倾倒这类垃圾就有 600 多万吨。"[①] 再据联合国环境规划署所公布的材料，当今世界每年产生危险垃圾约有 5 亿吨，其中有80% 来自发达国家，这些垃圾已造成世界性公害。此外，一些发达国家为牟取暴利，拼命向发展中国家倾销有毒害性农药，使大面积农田遭到污染。总体来看，发达国家在发展中国家所进行的危害性投资日益严重，从 1981 年到 1985年，在美国危害生态的国外投资额中，发展中国家占 35%。日本还更为严重，该国最"肮脏"的生产部门的国外投资，"有三分之二至四分之三是东南亚和拉丁美洲。"[②] 二是"环境掠夺"问题。一些发达国家为保护本国的森林资源不受破坏，就通过所谓交易拼命消费其他国家的森林资源。据统计，世界木材产量的 90% 为发达国家所消耗，仅此就造成世界热带雨林每年平均以 1960 万至 2000万公顷的速度递减[③]。日本人在白皮书中公开承认，在世界热带森林原木的贸易总进口量中，日本就占 52%[④]。当然，在其他资源方面亦严重存在着掠夺现象，如前述及，发达国家不足全球人口的 1/3，却消耗了世界 80% 以上的资源。这种牺牲别人而保存自己的做法如任其滋长，也会促使南北关系激化，从而危及和平。三是环境污染的扩张性危害。以日本为例，该国人口约占世界人口的2.4%，但其二氧化碳排放量却占世界的 4.3%，在造成臭氧层破坏的生产中，日本的生产量占世界总产量的 10%[⑤]。美国的情形就更为严重，这个国家的二氧化碳排放量几乎与发展中国家排放量之和不相上下。此外，区域性或发达国家之间的生态环境纠纷也越来越严重，这也成为地区性不安定因素。

总的来说，处理好以经济问题为中心的南北关系问题，是维护世界和平的重要支柱，国际社会应当从始至终关注这一问题，并尽可能理顺这一关系。解决这一问题除要创造条件消除南北之间经济交换方面的不公平或不平等及其贫富两极分化之外，还必须消除北方国家对南方国家的"环境剥削"。如果不重视这一问题，任其矛盾激化，也必将危及世界和平。正如联合国前秘书长佩雷斯·德奎利亚尔1990 年 9 月 3 日在巴黎举行的第二届联合国最不发达国家问题开幕式上强调指出的："没有南北合作，世界持久的稳定与和平就没有保障。"[⑥]

综上所述，当今世界四大危机并存，它们之间相互影响，其危机不断加深。

---

①②④　迟守政：《"生态侵略"引起发展中国家不满》，载《人民日报》1990 年 1 月 25 日。

③　何崇元：《这笔债也应该还》，载《人民日报》1990 年 8 月 13 日。

⑤　冯昭奎：《安全保障的"绿化"》，载《人民日报》1990 年 3 月 11 日。

⑥　新华社：《联合国秘书长强调：没有南北合作，和平没有保障》，载《人民日报》1990 年 9 月 5 日。

人口问题是一个极其深刻的社会性问题，它既直接危及能源、资源消耗与生态环境，又影响到人类的总体素质结构，以及人类未来的发展。所以，从一定意义上讲，社会进步主要体现为人的进步。能源、资源问题与生态环境问题，说到底都是经济问题。当今，要发展经济，首先必须发展高科技，更新产业结构，使高科技产业成为国民经济体系中的骨干。然而，人类在坚持两大发展的时候，却同时带来了能源、资源和生态方面的问题。在经济管理失控的情况下，前者的发展正孕育着后者的危机，而后者的危机又极大地制约着前者的发展，其中人口问题又犹如一种催化剂，它既制约着前者的发展，而又加深着后者的危机。其结果，无论是能源、资源危机问题，还是生态危机问题反过来又威胁到人类的生存与发展。这便是当今世界确实存在着的恶性循环。如果人类任凭管理失控，对全局性的管理问题不闻不问，这种恶性循环便会日益加深、加快，最终的结局便是和平危机达到极点，战争也便不可避免了。目前，确实有不少人盲目歌唱人类永久和平之歌，他们以为随着两个超级大国对抗关系发生变化，全球的政治轴心发生转变，和平也便会随着政治、经济一体化而一体化。事实上，美国并不准备改变它的"星球大战计划"，也并不准备停止新的核武器试验①，美国国防部长在前不久还表示，并不考虑因苏剧变而要求裁军的建议②。从全球范围来讲，那些经济大国也绝不会放弃"科技强军"的战略，许多新武器的研究依然对准即将到来的新世纪。即使不是故作姿态，果真在销毁核武器方面有一定进展，然而，那些经济大国也绝不会最终放弃"核威慑"，所谓"无核世界"的协议将会永远是货真价实的一纸空文。

今天，世界各国在研究会计改革方案之时，应当冷静地审视现代会计环境翻天覆地的变化。既然人们几乎都把未来的关键性问题归结为和平与发展，既然人们已经认识到，当代世界已形成了"科技—经济""科技—军事""经济—生态环境"和"经济—能源、资源"，以及"科技—生态环境"这种纵横交错的关系，那么，本文便有充分依据得出下述结论：

第一，现代会计所处历史环境发生的巨变，对于会计的发展来讲，既是机遇，又是挑战。为此，它必须通过自身的改革，以充分适应外部环境的变化，同时，它也必须担负起新的历史责任，在新的世纪发挥更为重要的作用。

第二，根据"经济越发展，会计越必要"的规律，会计控制的历史空间始

---

① ② 美联社：《美不准备停止新的核武器试验》，载《参考消息》1991 年 9 月 11 日。

终与经济发展的历史空间保持一致。那么，伴随大科学、高技术与大经济的发展，现代会计控制将必然遵循"以大制大"的历史规律，相应扩展自己的控制领域，21 世纪必将是"大会计"发展时代。

第三，当代世界性危机的诸要素无不与会计控制相关。人力资源、物质资源以及涉及生态环境的支出，均为财务成本的构成范围和成本控制的对象，这些工作不仅是实现企业经济效益的落脚点，也是实现社会经济效益的落脚点。由于这些要素既是会计直接量化的对象，对它们的必要消耗量具体进行确认，又是会计的重点控制对象，具体地并严格地限制它们的消耗范围与消耗量，现代会计中的"本利观念"的建立大体以此作为依据。因而，从一定意义上讲，会计失控是造成世界性危机的具体原因之一。从巩固并强化微观会计控制着手，并通过建立"大会计控制体系"实现不同层次的宏观会计控制，这些又是拯救未来世界性危机的切实有效并且是极为重要的手段。如果人类仅从大政方针的建设方面寻求根除各种危机的良方妙药，而把与危机控制直接相关的基础管理工作排斥在外的话，那么，试图消除危机而建立的各种计划最终必将无法实现。

第四，在世界范围内建设"大会计控制体系"，并完善、强化各级会计控制工作，将在维护世界和平与发展中发挥极为重要的作用。当今，维系世界和平的关键是经济发展，而经济的发展第一依靠科技，第二依靠管理。顺应历史发展规律，大科学、高技术与大经济的发展格局，必将导致大会计的产生，会计控制工作将成为 21 世纪实现宏观经济控制的一大支柱。既然 21 世纪的会计控制工作能够有效地在人力资源、物质消耗和环境控制中发挥作用，为消除人口、能源、资源危机做出重要贡献的话，那么，它也必然能够在消除和平危机中发挥重要作用。

（三）新世纪经济控制工作中的一个重大问题——会计控制战略、战术革新论

近年来新召开的各种学术会议，都以当代世界政治、经济形势发展为出发点，从不同的侧面制定本国、本地区、本组织、本部门、本行业以及本学科的发展战略，其中所确定的 21 世纪社会发展战略，已把人口问题、教育问题、能源问题以及环境问题作为重要内容。同时，对局部管理问题的研究，也以人口、能源、资源和环境问题为控制重点。从会计控制的角度研究，人们也在考虑，

在当今世界并存的两种国民收入计量体系，即在联合国 1968 年发布的标准"国民经济核算体系"（The System of National Accounts，SNA）和以往苏联等计划经济国家所采用的"物质产品平衡表体系"（The System of Material Product Balances，MSP）的基础上，重新确定或调整国家级的宏观经济核算体系。如 1987年 12 月，中国会计学会和中国统计学会在广州市所举办的宏观经济核算科学讨论会，研讨了会统如何协作、配合解决宏观经济核算问题，并"建议由国务院国民经济统一核算领导小组牵头，组织财政、银行、统计部门和会计、统计学界的理论工作者"[1] 建立宏观经济核算专门研究机构。中国人民大学阎达五教授还就建立以国民经济为核算监督对象的中国式的社会会计阐明了观点，并建议制定"一种会计色彩更浓的社会会计制度。"[2] 中华人民共和国财政部会计事务管理司张德明副司长也指出："会计与统计，是建立和形成国民经济统一核算制度的两个重要方面"[3]，中国应当建立自己的国民经济核算体系。这些对于实现中国政府所提出的"逐步健全以间接管理为主的宏观经济调节体系"的经济管理战略目标都具有积极的或建设性的意义。当然，面对现代科技与现代大经济发展的挑战，对于整个宏观经济的控制，远非社会会计这一个方面，也不能仅将其囿于"国民经济核算"范围，应当明确，宏观会计的基本职能与微观会计一样，集中表现在两个基本方面，一是反映，二是控制，而且当今会计部门参与控制国家宏观经济显得更为重要。从整个宏观会计控制体系建设方面讲，它的构成亦非社会会计这一个方面，正如笔者在《走向宏观经济世界的现代会计》一文中所描述的，除社会会计外，还应包括社会责任会计与全球会计两大方面，对这一问题，笔者将在下文中进一步展开阐述。为适应 21 世纪巨变中的会计形势，本文在这一部分所要着重阐述两大关键性问题，一是"大会计控制战略目标"的确定，二是"大会计控制体系"的建立，这两大问题将是 21 世纪会计学、会计工作革新的重要目标，是具有世界意义的改革课题。自然而然，在大会计控制战略目标确定的前提下，会计控制战术的革新也将成为 21 世纪的关键性工作。

1. 以联合国为主体，创立国际性财政，逐步建立健全国际财税组织体系、财政法制体系、国际财政收支体系以及国际财政控制的理论体系与方法体系，

---

① 《宏观经济核算科学讨论会纪要》，载《会计研究》1988 年第 1 期。
② 阎达五：《谈谈"社会会计"的若干理论问题》，载《会计研究》1987 年第 1 期。
③ 张德明：《关于为何建立我国国民经济统一核算制度的一些看法》，载《会计研究》1988 年第 1 期。

以期实现对全球性经济的统一控制，协调整个世界经济的发展，并统一解决国际性生态环境维护与治理问题，促进世界的和平与发展

以全球性科学、技术、经济、社会、生态环境和战争与和平问题为研究对象的"全球学"，学者们通过多年研究，对未来世界经济一体化发展态势进行了科学测试，认为世界将在全球性组织支撑之下，在原有区域性经济共同发展的基础之上，最终将完成全球共同体或全球经济共同体的建设。从整个国民经济研究出发，世界经济学研究者们认为："世界经济是与一定生产方式相关联的全球规模的经济体系。"[①] 这个经济体系是由"许多相互依赖的过程所构成的一个体系"[②]，而这种"相互依赖关系，即各国之间日益加强的相互依赖性，是国际化发展的一个阶段"[③]。相互依赖关系的本质表现在于"以往只对一国起决定作用或重大作用的经济、科学和其他发展过程，现在变得更为国际化了"[④]。对于世界经济发展中相互依赖关系从更深层次或更为广泛意义上来理解，已涉及本文在第二部分揭示的国际性问题，即"世界的人口、世界的资源、世界的生态环境等。在这些方面，由于生产和其他经济活动的日益国际化，使得各国发展中的'全球环境意义'不断增强。像环境污染问题、资源枯竭问题等都已成为人类共同的生存课题"[⑤]。同时，由于"世界经济的集团化、国际化这一趋势与国际政治多极化趋势"[⑥] 又处在同步发展的状况之中，因而，这个紧密相互关系、依存、合作而又相互竞争、排斥乃至对抗的经济集合体，事实上又俨然是一个充斥着多种矛盾的经济体系。由此，这个异常庞杂经济体系的运转，既受到一般经济规律的支配，又受到特殊经济环境下所产生的特殊经济规律的支配。所以，无论从怎样的角度来考察，世界也都正在形成包括国家经济内容在内的全球性的宏观经济系统，这个系统将凌驾于各国之国民经济系统之上，使各国的国民经济系统与国际环境的结合，逐步转变为这个全球性宏观经济系统的分支系统或曰子系统。无论这个世界的变化像全球问题研究者们所讲的那样，它表现为一个世界一统的经济共同体，还是如另外一些经济学家们所说，它最终表现为整个世界经济的一体化，这个世界一体化形态的共同体都必然把国家财

---

① 陶大镛：《论世界经济学的研究对象》，载《世界经济》1980 年第 4 期。
② 列昂惕夫：《世界经济的结构》，载《美国经济评论》1974 年第 12 期。
③④ 米哈里·马西：《世界经济中的相互依赖与冲突》1981 年英文版第 21 页（Mihaly Simai：Interdependence and Conflicts in the World Economy. Budapest. 1981）。
⑤ 张蕴岭：《世界经济中的相互依赖关系》，前言，经济科学出版社 1989 年版。
⑥ 席林生等：《新旧格局转换中的国际形势——国际问题研究中心国际形势研讨会综述》，载《人民日报》1990 年 12 月 28 日。

政的全部内容搬到它的巨型舞台之上。旧日只有国家才具有的经济关系将顺其自然地扩大到整个世界，国家的国民经济运转的基本格局也将自然而然地在世界一统的经济共同体中表现出来。一言以蔽之，九九归一、顺理成章，这个世界最终必将形成包罗万象的全球性财政问题：

（1）社会生产国际化。当世界性的产业革命完成之后，机器大工业生产便逐步超越国家界域而走向世界，最终造就了国际性生产的分工，这是社会生产国际化的第一步。20 世纪 50 年代，社会生产国际化进入发展阶段，出现了国际性的专业化生产与合作生产相结合的局面，所谓"万国材料""万国牌产品""世界型汽车"及"国际合作型飞机"等都陆续在世界范围内纷纷涌现，如浪似潮。如一架波音 747 型飞机，"上面有 450 万个零部件，它们是由六个国家/1100家大企业和 15000 家中小企业协作生产的"[①] 结果。再如美国的福特公司生产的"护卫牌"汽车，"实际上是利用西班牙、意大利、英国、日本和巴西生产的零部件，在美国、英国和联邦德国装配的"[②]。这种生产一体化方式，不仅形成了一种协作优势，使总经济效益得到显著提高，而且已经造成了国际性的财政问题。在最近二三十年，国际性生产合作不仅在更大规模、更大范围内展开，而且它已成为一种普遍方式，它越来越深刻地把世界各国的经济牵系在一起，以至任何一方决不可以随便从中脱离出来，自然而然，由此而带来的国际性财政问题越发突出而深刻了。

（2）市场国际化。"国际贸易交换是打破民族经济封闭疆界和体系，在各国经济间建立起依赖关系最早、最基本的形式。"[③] 从 19 世纪初至 20 世纪初这 100年间，国际贸易的发展，已使世界大市场的发展具有一定规模，而 20 世纪 50 至80 年代，一个规模宏大的国际市场已赫然展现于世，"到 1986 年，国际贸易额已超过两万亿美元。与 1948 年相比，出口增长了近 38 倍，进口增长了近 36倍。"[④] 国际贸易的迅速发展与国际宏大市场的形成，不仅使世界上所有国家统统被卷入到国际经济的网络之中，而且又通过它的制导机制与传导机制进一步促使社会生产国际化、国家经济国际化。不仅如此，由于经济结构的变化，反过来又改变着国际贸易的结构，从而又加速了国际经济一体化，国际性财政问题由此也便日益突出起来。

---

①② 肖枫：《开放世界——世界各国家的对外开放》，第一章，辽宁人民出版社 1988 年版。
③ 张蕴岭：《世界经济中的相互依赖关系》，第一编，导言部分，经济科学出版社 1989 年版。
④ 张蕴岭：《世界经济中的相互依赖关系》，第一编，第一章，经济科学出版社 1989 年版。

（3）金融市场国际化。跨国银行自 19 世纪在世界崭露头角，至 20 世纪 60 年代已有较大发展。自 20 世纪 80 年代以来，由于西方各国普遍放松甚至取消了对本国金融机构的种种限制，并逐步放开了国内的金融市场，从而促使金融机构跨国化的迅速发展，形成了规模宏大的国际金融市场。在 1971 年至 1985 年间，世界各国的储蓄银行在海外的总资产已由 3085 亿美元猛增到 29717 亿美元，银行和非银行的放款至 1985 年已达到 31520 亿美元[1]。银行国际化的发展，不仅导致国际金融市场在推进世界经济一体化中的作用日益增大，并日益成为跨国经济中的主导力量，而且自此国内金融市场与国际金融市场贯通一气，形成资本的跨国流动，最终又进一步加速了国家经济的国际化以及国家财政运转格局的国际化。据专家们预测，在"进入 90 年代以后，金融市场国际化的趋势还会进一步发展。……西方金融将进入一个变革深化、依存加深、竞争加剧和协调加强的新时期"[2]。事实上，"国际金融市场的存在与发展已经构成当今世界经济体系的一个重要组成部分。"[3] 它在世界性财政问题形成中既起着促进作用，又有着将多种经济问题与国际性财政问题关联在一起的作用。

（4）投资国际化与跨国资本流通、循环格局的形成。1987 年联邦德国《时代》周报曾有一篇论文作过这样的描述："金融市场早就没有国界了。数以十亿计的资金每天都在绕着地球流动"[4] 形成了巨大资本流的跨国循环。在 19 世纪与 20 世纪交替之际，在经济关系国际化的同时，形成了资本国际化的潮流，从 1960 年至 1980 年这 20 年间，发达国家对外直接投资增长了 7.5 倍，其中美国从 1970 年至 1980 年对外投资增长 522 亿美元，年增长率为 49.3%[5]。同时，在此期间经济发达国家相互投资迅速发展，在投资方面出现了相互长入、相互渗透的局面。从 20 世纪 80 年代起，国际投资已渗透到苏联和东欧国家，资本的国际流动与循环在更为广阔范围内展开。从 20 世纪 80 年代末起，日本的投资重点开始由美国、西欧转向亚洲，"近三年来，日本在亚洲经济发展较快的 8 个国家和地区的投资额达 268 亿美元……到 1990 年，日美两国在亚洲一些国家和地区投资额的比例为 10 比 1。"自此，国际性投资开始出现犬牙交错的复杂局面。此外，国际证券投资也取得了惊人的发展。"1984 年美国、英国、法国、联邦德

① 国际货币基金组织：《国际金融统计年鉴》1986 年部分。
② 王惠洪：《西方金融业变化及发展趋势》，载《人民日报》1990 年 2 月 14 日。
③ 张蕴岭：《世界经济中的相互依赖关系》，第一编，第二章，经济科学出版社 1989 年版。
④ 联邦德国《时代》周报 1987 年 1 月 23 日。
⑤ 吴德烈：《日本在亚洲的投资上升》，载《人民日报》1990 年 10 月 22 日。

国、日本和瑞士六国政府发行的债券总额高达 5946.6 亿美元"[1]。同时，在资本的跨国流动与循环之中，资本的跨国存放亦迅速增长，世界上有相当数量的资本已转变成为国际化了的流动资本，"数以千万甚至数十亿货币单位的资金在瞬息间即可通过银行内部交易或其他形式的支付完成跨国流动。"[2]跨国性资本流动及其所产生的循环关系，已远非一国之内资本运动与循环状况可比，较之企业内部的资本循环已更无可比性可言。当今之世，一方面是一国对多国的投资，另一方面又是多国对一国的投资，从而构成了川流不息、纵横交错的资本流动关系；这种跨国流动已超越了发达国家和较不发达与不发达国家的界限，使其流动的区间范围越来越广，在 21 世纪，人们已经预见到一个贯穿于世界各国的国际性资本洪流的大循环必将形成；在当今的跨国资本流动中，有"很大一部分是跨国经济活动所导致的周转资金，……世界经济一体化越发展，所引起的这种资本的跨国流动量就越大"[3]。这样，在国家经济交往中的资本的流动和循环通过传递作用对国际资本流动与循环产生影响的同时，反过来又受到国际性环流运转的影响，为此，多向性环流的交叉、多元性国际资本汇流的循环，便在极其复杂的变化中牵动着整个世界的经济关系。可想而知，倘若不与这种不可逆转的发展趋势相适应，去建立一种居高临下的国际性财计控制体系，实行科学、系统而严格的控制，那么，那种本来有利于国家经济、世界经济发展的积极因素便很有可能会走向它的反面，甚至会引起世界性的经济危机或动乱。

（5）国际性生产性消费与生活性消费的发展，消费关系的国际化。生产国际化、市场国际化必然会带来消费的国际化，世界上商品禁运的范围日益缩小，技术输出的封闭性日益为开放性所取代，国际商品货币交换关系的障碍也便越来越小，生产资料消费与生活资料消费对国际贸易的依赖性由此也便越来越强。法国学者塞尔旺·施赖贝尔曾在《世界面临挑战》一书中对消费的国际化作了生动而具体的描述：从吃、穿、用、住和交通都感到你需要国际市场，而外国人则感到需要在国际市场上取得他国的商品。他还这样写道："你早餐吃面包，可是烤架上所使用的石棉是进口的……你外出时穿的衣服也是进口的毛料或棉布缝制的。你出门若坐小卧车，要知道造一辆汽车所用的钢材，需要进口 300 吨铁矿砂才冶炼得出来……你要签字，笔尖上的金子和墨水囊的橡胶也全是进口的……"[4] 毫无疑问，消费的国际化又反过来促进着生产、交换进一步国际化，

---

[1][2][3] 张蕴岭：《世界经济中的相互依赖关系》，第一编，第三章，经济科学出版社 1989 年版。
[4] 肖枫：《开放世界——世界各国家的对外开放》，第一章，辽宁人民出版社 1988 年版。

从而进一步加速世界经济一体化的历史进程。同时，在越来越多的方面，一国之内的分配关系也将牵连到国外的世界，而世界也将从多方面影响到一个国家之内分配关系的变化。

此外，由于上述众多因素的影响，又自然而然导致多方位的、内容复杂的、流向交错的信息跨国流动与传递关系，科技信息、国际市场信息、国际经济发展信息、国际经济管理信息以及国际会计与审计信息等，都将成为协调国际社会诸经济要素关系的机制，使国际信息成为国际经济投入或国际经济管理投入中的极其重要的方面。据统计，到 20 世纪 80 年代初，世界上 500 家数据库的终端使用时间一年已超过了 200 万小时①。一些跨国性的国际信息库已可以通过与各国的终端相连接，构成跨国传递的国际信息网络②，信息的跨国传递，既为当今世界经济的发展提供了极大的方便，也使未来实行对国际财政经济的控制成为可能。

既然社会生产总过程中的生产、分配、交换、消费关系在世界这个总体中已经形成，既然在世界这个范围内已经形成了与国家经济运转格局一致，而且比国家经济还要复杂若干倍的财政经济问题，既然世界经济一体化在客观上已把若干个国家形形色色的经济问题勾连在一起，并已构成只有通过世界性力量方可加以解决的重大社会性问题与重大经济问题，那么，确定国际性财政主体，在世界范围内完成财政组织体系、法制体系、收支体系，以及理论、方法体系的建设便成为当今世界经济发展一体化之必然结果。毋庸置疑，这也是当今国际社会在讨论建立国际新秩序中所必须正视、研究并最终要解决的一个极其重大的问题。

正如政治家、外交家与国际问题研究中心的学者们所共同确认的那样，在当代世界政治、经济全面发展的新形势下，"联合国作为最有影响的国际组织，它的作用明显增强"③，它在"维护世界和平、促进地区冲突的政治解决、推动国际合作，促进人类社会发展等方面"④都取得了实质性进展。完全可以确信，在未来，在 21 世纪，联合国不仅在处理国际政治、军事等事务中的作用日益增强，在维护世界和平与发展方面所承担的使命日益重要，而且它将适应国际经济发展的要求，不断通过改革完善自我，担负起一个史无前例的历史重任——

---

① ② Rita Cruise O' Brien. 1983. Information, Economics and Power: the North – South dimension. Hodder and Stoughton. p. 143.
③ ④ 郑园园等：《钱其琛外长接受本报记者专访：畅谈一年来国际形势和我国外交成就》，载《人民日报》1990 年 12 月 17 日。

国际财政体系的建设与有效控制，以在新的形势下发挥更为积极的作用。

"财政"是一个古老的经济范畴，一开始它便是国家所行使的重要职能之一，财政部门作为国家政权机构中的重要组成部分，既从属于国家本身，而又为维护国家政权服务，说到底，财政是国家与经济相互作用的产物。几千年来，"财政"一直是国家的事务，它一直未曾超脱过国家的范围，被扩展到其他更大的方面。然而，当全球经济集团化、区域化，并向全球经济一体化方向发展之时，当人口、能源与生态环境问题已成为全球性问题之时，国家经济与国际经济的相互作用便迅速地发生演变，最终形成了前文所述的国际社会与国际经济的相互作用。由此，国际财政思潮便油然而生，国际性财政现象与国际性财政问题也便成为人类将要探索、研究及征服的新兴政治经济领域。国家财政的本质系以国家为主体的分配关系，其中最重要的分配原则是维持社会共同的需要，维护社会共同的利益，保证社会的不断发展。在国际财政主体确定之后，当联合国成为行使国际财政权力的权威性机构之时，它的最高职责也便在于消除国际社会的隐患，维护国际社会的共同利益，以求促进国际社会的和平与发展。当然，国际财政收入当维护国际社会共同利益的基础，在国际财计体系建立的前提下，可从下述几个主要方面考虑国际财政收入问题：

①按一定比例向各类跨国公司或区域性经济集团征收国际营业税等；

②按一定比例向跨国公司或区域性经济集团征收国际能源消耗调节税和能源、资源超耗税；

③按一定比例向跨国公司与区域性经济集团征收国际环境保护税；

④按一定比例向世界各国征收国际所得税；

⑤在定期检查各国生态环境状况与环境保护状况的基础上，区别不同情况，按一定比例征收环境污染防治税与实行环境污染罚款；

⑥根据一国在他国或多国投资情况，按一定比例征收跨国投资税；

⑦区别不同情况，向能源、资源进口国家征收一定比例的能源、资源开发、利用调节税，以利于世界能源、资源养护与促进能源、资源的合理开发及利用；

⑧对跨国工程按一定比例征收建设税等。

建立国际财政收支体系应当是 21 世纪人类实现对全球经济进行有效控制的战略目标之一，只有解决好这一问题，方能统一地、卓有成效地解决全球性人口问题、能源与资源问题、生态环境问题以及战争与和平问题。

2. 以实现对国际财政经济的一体化控制为基本目标，建立世界性的"国际

经济联合控制中心"，监控世界经济的运转过程及其结果，保证国际财政收支的实现

"国际经济联合控制中心"下设六个分支机构，即"国际工程技术控制中心""国际经济信息控制中心""国际能源、资源开发与利用控制中心""国际生态环境控制中心""国际财政控制中心"以及"国际会计与审计控制中心"等。当今，联合国的性质还属于全球性的协调发展组织，它在维护世界和平、安全与促进世界经济、社会发展方面的作用也主要体现在协调与局部监督方面。最近十多年来，它为建立新的国际秩序所做出的种种努力，亦主要立足于号召、协调、促进与局部监督方面。1974 年联大所通过的《建立新的国际经济秩序宣言》《建立新的国际经济秩序行动纲领》和《各国经济权利和义务宪章》，以及 1975 年第七届特别联大重申与补充前决议所做出的《发展和国际经济合作的决议》，虽已涉及改善世界国际贸易体制、改革不合理的国际分工、加强对跨国公司的监督与管理以及资源利用问题等内容，但由于遭到经济发达国家的抵制，至今进展仍十分缓慢。这些情况表明，为维护国际社会的共同利益，实现对全球经济的一统控制，就必须进一步提高联合国在处理国际政治、经济事务中的权威地位，逐步强化和相应改革它的内部组织，其中尤其应当健全它的经济组织与社会组织，以真正体现与实现它在未来国际财政经济控制中的能动作用。

联合国机构中的"经济及社会理事会"（The Economic and Social Council，简称经社理事会 ECOSOC）组织是与联合国同时产生的所属主要机构之一，它的基本职能与权力在于"就有关国际经济、社会、文化、体育、卫生以及一切人的人权和基本自由等方面的问题进行研究，并提出报告和建议"[①]。它的下属组织"职司委员会"包括统计委员会、人口委员会和社会发展委员会等在内，"常设委员会"包括自然资源委员会在内；在政府专家机关组织中，包括国际会计和报告标准政府间专家工作组在内等。在联合国之外的一些政府间或非政府间的相关组织也在经济、社会、文化、教育等方面与经社理事会组织建立有合作关系。在联合国辅助机构中，还有环境规划署、跨国公司委员会以及属于会议性质的贸易会议与人口会议等，这些也与协调解决世界性的专门问题有一定关系。围绕解决和平利用外层空间问题，1959 年在联合国内又正式设置了"和平

---

① 渠梁、韩德：《国际组织与集团研究》，第二部分，中国社会科学出版社 1989 年版。

利用外层空间委员会"。此外，在联合国开发计划署（United Nation Development Program，简称 UNDP）的职能中也涉及资源开发利用问题与环境保护问题。上述组织在研究处理经济与社会问题方面都曾发挥过重要作用，如环境规划署在资源利用方面的研究，在能源利用无害形式方面的研究，以及在世界环境保护方面的研究与实施方面都取得了一定成效。再如统计委员会在建立和修订国民经济核算制度方面，国际会计和报告标准政府间专家工作组在研究、处理国际性会计问题方面，以及跨国公司委员会、联合国跨国公司中心（UNCTC）对跨国公司问题的综合研究、跨国公司行为守则研究、投资格局问题研究等方面也都具有一定贡献。然而，这些组织的职能还相当分散，既无法发挥其系统控制作用，而且其权威性也相当有限。同时，由于它们的职能与对实质性经济问题、社会问题的控制，还存在根本性区别，因而，其作用也仅局限于学术研究与建议、协调方面，还不可能对国际经济和社会行使有效的控制作用。所以，为了适应新世纪国际经济与社会发展形势的要求，实现国际财计体系建设的战略目标，就必须在联合国原有组织建设的基础之上适时加以改革，建立起以"国际经济联合控制中心"为主体的新型控制机构，实现对全球经济的系统的、全面的控制，并通过"国际经济联合控制中心"下属六大机构的具体管理与对经济活动的组织，把国际性经济控制、科技控制、财政控制、会计与审计控制以及统计控制有机统一起来，形成一体化的国际经济综合控制系统，以有效发挥它们的一致性控制作用。

（1）"国际经济联合控制中心"。系以国际性生产、分配、交换、消费为基本控制目标，以跨国公司与区域性经济集团为主要控制对象，以国际性人力资源、物质资源、生态环境以及国际经济秩序为重点控制内容，以协调世界各国经济关系，组织国际性财计会议、审计会议、各种经济协调会议、各种经济与管理研究会议，以及沟通与各国分支机构的协作控制关系为基本控制手段，以期实现对世界经济的全面控制，保证国际财政收支的实现。当今，相互依赖、结合、协调而又相互竞争、冲突、对抗的世界经济，是一个包容着各种矛盾，纠集着各种各样斗争的，并且日益趋于复杂化的经济体系，故"国际经济联合控制中心"组建以后的首要任务，便是建立健全实行国际经济控制的法制体系，以及分门别类地组建所属控制系统，以解决经济矛盾，理顺经济关系，限制与惩罚国际非法经济行为，防止国际性公害的发生，并在排解或排除对抗性经济冲突中，发挥主导作用，奠定世界经济发展新秩序的基础。

（2）关于国际经济法制体系的建设问题。专家们认为，国际法律关系是以法律形式表现出来的国际关系。由于国际经济关系是整个国际关系中最基本的关系，因此，国际经济法又必然是整个国际法中最基本的构成部分，尤其是在当代世界经济快速朝着一体化方向发展之际，建立健全国际经济法制体系已成当务之急。从总体上讲，目前国际经济法尚在形成中，还未形成一套完整的法律体系，而且，即使已经产生的有关的国际经济法条文，也由于未与国际性经济性权益问题结合起来，以及由于这些法律条文的过度分散，尚无法正常发挥其应有的作用。依笔者之见，国际经济法制体系的建设应当考虑下述问题：其一，要通过联合国成员之间的协调明确国际经济法制的执行机关；其二，要将有关内容集中起来，建立一部较为系统的国际经济法典；其三，要针对国际经济发展一体化的基本特征与关键性问题，确定国际经济法施行细则，使国际财政收支的基本内容法定化；其四，要注意协调联合国有关部门在国际经济法制定、执行中的关系，如"国际经济联合控制中心"与"国际法委员会""经济及社会理事会"之间的关系等；其五，要相应调整联合国原有法制机构，如类似"国际贸易法委员会"这样的机构可以并入"国际经济联合控制中心"中的经济立法专门机关；其六，应把国际经济法的制定与有关经济制度、准则的制定结合起来，以构建成完备而严密的国际经济法制体系；其七，国际经济法制体系的建设要以原有国际经济法为基础，尤其是应当遵循 1974 年联大第 29 届会议通过的《各国经济权利和义务宪章》中的规定，并以其作为国际经济法制体系建设的基本依据。以基本经济立法为主，笔者认为有待建设修订完善的国际经济法制体系应当包括下述内容：①国际经济宪章；②国际经济组织管理法；③国际财政法；④国际陆地资源经济法；⑤国际海洋资源经济法；⑥国际生态环境保护经济法；⑦跨国经济组织税法通则；⑧国际投资法；⑨国际贸易法；⑩国际金融法；⑪国际非法竞争经济制裁法；⑫国际人力资源控制经济法；⑬国际会计法；⑭国际审计法；⑮跨国经济组织国际行为准则；⑯国际公认会计准则；⑰国际公认审计准则；⑱国际会计师职业道德准则等。当然，这个法制体系应与联合国宪章及其他有关法制的精神保持一致，使其具有代表性与权威性。

（3）关于国际经济控制体系建设问题。"国际经济联合控制中心"不仅具有对重大国际经济问题处理的决策权力，而且具有财计控制权、经济检查权和经济制裁权，它代表联合国有权过问各国、各国际性经济组织所发生的国际经济事务与具有国际性影响的社会问题。它对整个国际经济的具体控制是通过它的分支机构进行的。下文仅以会计控制、审计控制为重点，具体阐述国际会计控制体系与审计控制体系建设方面的问题。

3. 在"国际会计控制中心"建设的基础上，逐步建立、健全国际会计的控制体系，即组织体系、法制体系、理论体系与方法体系

在组织体系建设方面，应把"会统一体化控制部门"的建设放在首要地位。从会统关系发展史方面考察，统计学建设中政治算术学派的创始人约翰·格朗特（John Graunt）和威廉·配第（William Petty）在创建本派基本理论之时，均从会计学中寻找依据。格朗特用"记账算术"研究国家事务和自然现象，配第则利用"收入事项算术"研究国家大事[①]，并在论著中采用了会计的基本计量方法，在统计学与会计学之间建立了密切的学术关系。政治算术学派这一思想及其研究问题的方法，对经济统计学的建设产生了重要影响。如英国经济学家巴克斯特（R. D. Baxter）、斯坦普（J. C. Stamp）、克拉克（C. G. Clark）等在"国民收入"计量研究中都曾毫无选择地借用了会计的一些计量方法。1933 年，在美国哥伦比亚大学工作的斯密斯·库兹涅茨（Simon Smith Kuznets）教授所写的"国民收入"词条中（载美国《社会科学百科全书》），不仅对国民收入科目按项目作了进一步的分类，而且在阐述中大量地使用了会计俗语，依此方式把有关问题陈述清楚。在会统结合的历史范例中，尤其值得一提的历史事件是英国学者米德（J. E. Meade）和理查德·斯通（R. Stone）在解决国民收入计量方法方面所做出的贡献。1939 年秋，他们运用国民会计方法编纂了 1938 年的国民收入，其后，二人又合著《国民收入和支出》一书，从理论与实务两方面表述国民收入计量问题，并首次较为系统地采用了账户设置、科目运用、复式记账以及会计平衡等基本原理。由此，可以看出，米德与斯通有关宏观经济计量的基本做法及其理论是宏观经济计量史上会统结合的一个典范[②]。英国的国民收入计量方法之所以先后为美、法以及其他国家所继承，1953 年在联合国拟定《国民经济核算体系及附表》时之所以特聘理查德·斯通为专家小组的主席，正是因为他与他的同行在宏观经济控制研究方面的成就已举世公认。自 20 世纪 30 年代开始，围绕国民收入的核算与分析，事实上已把会计核算的方法与经济统计的分析方法结合在一起，故正是在这个时候"国民收入会计"的名称已为世界经

---

① 高庆丰：《欧美统计学史》，第五章，中国统计出版社 1987 年版。
② 高庆丰：《欧美统计学史》，第二十一章，中国统计出版社 1987 年版。

济学界所接受，与此同时随之产生了一种新兴的理论——国民会计理论①，这种以会计命名的理论，其成因绝非偶然。最初的"国民会计"概念大体是以生产流量与所得流量的循环关系为中心。1953 年联合国为促进国民收入计量标准化所制定公布的《国民经济核算体系及附表》，也只包括了国民收入和生产账，其中仅用了六个标准账户和十二个标准表式，故就此称其为"核算体系"显然还很不完整。但自 20 世纪 60 年代以来，学者们通过进一步研究又先后把"投入—产出表"（Input – Output Tables）、"资金流通会计"（Flow – of – fund Accounting）和"国家资金平衡表"（National Balance Sheets）等并入已往的国民会计之中，使其成为一个比较完整的体系。1968 年又修订颁布了新的《国民经济核算体系》，这个体系不仅列入了投入—产出表、资金流量表、国民资产负债表与国际收支平衡表，并新增设标准账户 82 个，标准表式 14 个，使其在体系构建上进一步完善，故学术界用新 SNA 来肯定它，而把 1953 年公布的 SNA 称之为旧 SNA。这个新的 SNA 把会计与统计在结合控制国家宏观经济中的关系推进到一个新的历史阶段。

然而，从体制上讲，以往的国民经济会计，系以计划统计部门为主体，确定该部门为参与国民经济决策之机关，在宏观经济决策中亦把统计信息放在首位，而会计部门在国民经济宏观决策中的地位很不明确。在联合国机关配置中，亦由国际经济和社会事务部所属统计处负责国民收入计量标准化和对不同核算制度进行综合审查与协调工作，而仅由联合国经济及社会理事会附属机构中专家机关所设国际会计和报告标准政府间专家工作组负责协调、研究国际会计方面的工作，会计控制与国民收入计量标准化及国民经济核算制度研究、协调亦无相涉之处。从"宏观经济总量环流、计量和平衡"工作方面考察，其中应当包括宏观会计方面的工作，同时，由于宏观经济总量控制的核心内容包括消费者、投资者和由政府引起的社会总需求，会计参与控制亦理所当然，然而，这种社会"总需求及其组成部分通常是由国民收入账户的统计体制来测定的"②。综合起来考察，上述情况显而易见是不正常的，在未来的国民经济控制工作中，必须从根本上扭转这种状况。现代会计控制之所以应当成为宏观经济计量与控制中的一个重要方面，其原因在于：第一，国民经济会计原本是建立在会统结合的基础之上的，如果脱离会计的基本方法，它的核算体系便无法成立，故以

① 高庆丰：《欧美统计学史》，第二十一章，中国统计出版社 1987 年版。
② 章奇顺：《中国宏观经济学》，第八章，南京大学出版社 1990 年版。

往的国民经济会计绝不可以脱离会计而独立存在；第二，要适应未来经济发展的要求，建立健全标准的国民经济核算体系，并将这个标准体系的运用范围扩大到整个宏观经济世界，就必须以"会统控制一体化"为改革的基本目标，确立宏观会计控制工作在国民经济、世界经济控制中的地位。正如阎达五教授在《社会会计》一书中所讲，强调 SNA 中的会计方法，并非是讲"要模仿 SNA 的模式"①，而是要以其作为改革的基础，在此基础上建立科学的、完善的社会会计核算体系；第三，在 21 世纪，在宏观经济控制工作中，必须把决策工作建立在精确会计计量基础之上，以提高经济决策工作的质量，防止重大经济决策失误。在以往的宏观经济计量中，对于国民经济重要指标的确定，由于计量工具与技术方面的限制，只能主要以统计信息作为依据，根本无法以精确的量值作为确定依据。故在宏观经济决策中，由于量值确定方面不可避免出现误差，便不可避免地带来了经济决策中的偏差，最终影响到经济决策的准确性，这种情形还一度被认为是常规性误差或可以容许存在的误差。然而，事实上，经济发展对经济决策准确度有一定要求，而经济决策的准确性对经济信息量值的精确性也有一定要求，而且科学技术、社会经济越是朝着高精尖的方向发展，对决策的精确性要求也越高，而决策的精确性又在一定程度上取决于决策所依据经济信息的精确性。换言之，只有以精确的经济信息量值作为决策的依据，方能解决经济决策的准确性问题。在经济计量体系中，会计计量是一切经济计量之母，业务计量、统计计量以及其他相关经济计量，在许多重要经济指标确定方面均依赖于会计计量。会计计量的目标在于最终取得精确的会计信息量值，并以会计信息量值的准确、可靠作为会计计量所遵循的一项基本准则，故通过会计信息系统优化而取得的会计信息是最精确可信的经济信息，它是企业、国家进行经济决策的最佳经济信息选择。在 21 世纪，以通过电子计算机传递的优化会计信息与统计信息及其相关科技信息、市场信息、管理信息的密切结合，将取代以往单纯统计信息在经济决策中的地位与作用。在现代社会里，随着科学的数学化，无论大科学、高技术、大生产、大工程，其本身不仅包容着大量的、复杂的、多变量的信息，数据与由数据组合而成的资料始终在快速中发生变换，而且不断派生出大量的、复杂的、多变量的信息，并以各种形式和渠道向外输出。与此同时，从某一个体来说，它又需要从它的周围，以及更远的距离快速

---

① 阎达五：《社会会计》，第二章，中国财政经济出版社 1989 年版。

取得信息以为己所用。面对变幻莫测的信息世界，"若依靠人力来处理与控制，是难以做到快速与精确。因此，电子计算机就成了科研和社会各项管理的重要工具。"① 20 世纪以来，由于大规模、超大规模集成电路的发明，实现了计算机与集成电路的结合，至此，它的容量便越来越大，运算速度也越来越快，它不仅可以"代替了很多人的复杂脑力劳动，而且它们的运算速度无可比拟地高于人脑的运算速度。"② 从电子计算机的第 5 代样机研制方面讲，1988 年至 1989 年间，"日本电器公司研制成功的'Sx－3'超级计算机，运算速度达每秒 220 亿次"③，而 1989 年 6 月，"美国恩库比公司已把运算速度提高到每秒 270 亿次"④。时隔两年，便又出现了世界上速度最快的超一流的电子计算机，这种计算机由德国的 Parsytec 公司研制，每秒能进行 4000 亿次浮点运算⑤。据外电报道，1991 年美国英特尔公司宣布，该公司已完成了最新超级计算机研制和试验工作，这种新计算机的功能比美国现有同类产品要高出 10 倍，在一秒钟内可完成 3000 亿次运算，这种电子计算机的第一批产品将于 1992 年年底上市⑥。电子计算机解决了数据自动化处理问题，不仅极大地提高了运算速度，缩短了运算时间，而且极大地提高了数据运算的精确性，这对于现代会计解决高速计量、高难度计量以及高精确度计量问题，无疑具有深远的意义。同时，正如计算机出现之后，使原来无法用解析方法求解的数学问题得以用数学的方法求解的道理一样，计算机的出现及其在会计方面的运用，使宏观经济控制所需的精确的经济信息量值的取得成为可能。日本的三井物产公司之所以能遥控遍布 87 个国家和地区的149 个海外分支机构经济的正常运转，使总公司对各分公司财务会计信息与财务状况的控制达到神速把握的地步，其根本原因便在于该公司建立了世界上最庞大的电子计算机控制系统。三井的 5 个电子计算机控制中心已用通信卫星联结在线网络，"所有通信线路总长四十四万公里，可环绕地球 11 圈。在三井环球通讯网里，世界上最遥远地点之间，即从巴西的里约热内卢到南非的约翰内斯堡，通过纽约、东京和伦敦三个中心的辗转传递，一个信息行程 4 万公里，只需要 5 分钟时间。这个庞大的通信网络，昼夜 24 小时运转，每天信息通讯量在 5

---

① 江泓：《现代科学发展的若干特征》，载《历史教学》1986 年第 6 期。
② 吕保维：《信息与系统·信息科学与系统科学》，载《百科知识》1991 年第 6 期。
③④ 何荆卿：《1989 年世界高技术的新进展》，载《新华文摘》1990 年第 2 期。
⑤ 陶：《Parsytec 公司即将推出新巨型机》，载《计算机工程与科学》1991 年第 4 期。
⑥ 塔斯社：《美研制出新型超级计算机》，载《参考消息》1991 年 12 月 27 日。

万件以上。"① 其中会计信息计量、优化、整理的高速度、高效率是该公司得以决胜于万里之外的重要保证。不仅如此，随着人工智能型电子计算机的产生、运用，人脑的思维活动功能将会转变为电脑的思维活动功能，电脑思维活动的高速与精确、灵敏的分析功能将使会计控制系统的自动化、快速化、高效率化成为可能，这不仅大大提高经济决策的精确度与准确性，而且也将显著提高决策工作的速度与效率。这样，不仅采用精确的经济信息量值作为宏观经济计量与决策的依据完全通行于世，而且将使整个会计信息系统与会计控制系统成为构建国际经济控制体系、国家经济控制体系的重要组成部分。由此，世界方可以正式宣布，以粗放性的统计信息为主作为宏观经济决策依据的时代结束了，世界将进入科学化的宏观经济控制体系的建设时代。当然，在未来的宏观经济控制中，以会计的精确的信息量值作为经济决策的主要依据，并非排斥或削弱社会经济统计在宏观经济计量与控制中的作用，而恰恰相反，面对世界经济发展一体化的趋势，反倒要加强包括数学、会计学、统计学、审计学以及其他相关学科之间的科学联盟关系。正如前文中所述，在未来的宏观经济控制中，将逐步实现会计控制与统计控制的一体化，并将把会计控制工作的数学化推进到一个新的历史阶段。

早在 1969 年，塔里克·伦伯格教授便代表诺贝尔经济委员会指出："经济科学已日益朝着数学的精确性，以及对经济内容的定量分析方向发展。"这是因为数学使包括会计在内的经济科学摆脱了模糊的一国文字表达的方式，而以数学的精确性改变了经济学、会计学的科学面貌。法国数学家勒奈·笛卡尔鉴于领悟到数学的伟大作用，曾经有过这样的感叹："我苦思冥想，终于悟出了万物都可以归结为数学的道理。数学探讨的是秩序与量度，而无论是数字、图形、量度、声音或其他任何事物，都有一个变量的问题。"② 数学是万物之源，会计学与统计学之建设都要依靠它，它们的发展，乃至它们的结合也要依靠它。因而，现代会计、统计控制一体化，事实上是数学与会计、统计密切结合的一体化，它们三者之间的关联关系又通过电子计算机融会贯通为一体。这便是未来以整个世界经济作为控制对象的"会统一体化控制部门"建立的理论依据，也是 21 世纪会计控制战略、战术革新的基本要点之一。

在"国际会计控制中心"组织机构建设的基础上，该中心最初的工作目标

---

①　张国良：《X 线战争——国际工商间谍战内幕》，第四部分，新华出版社 1985 年版。
②　杰里米·里夫金、特德·霍华德：《熵：一种新的世界观》，第一章，上海译文出版社 1987 年版。

当集中在以下三个方面：

（1）建立国际会计控制的法制体系。围绕"国际财政法""国际会计法""国际审计法"以及国际会计、审计准则的建设，从会计控制的具体目标出发，进一步建立国际会计控制的法制体系。这个法制体系的主要内容包括：①国际财政预决算法；②国际财政收支控制制度；③国际性工程成本监控制度；④国际能源、资源消耗定额控制制度；⑤国际社会责任会计制度；⑥国际公库制度；⑦国际会计控制专项检查制度；⑧跨国经济组织审计制度；⑨跨国投资管理制度；⑩国际注册会计师考试制度；⑪国际会计综合控制制度；⑫国际会计教育制度等。

（2）建立健全国际会计控制体系。这个体系应包括如下主要控制环节：①国际会计预测与分析控制；②国际会计决策与计划控制；③国际会计检查与监督；④国际审计控制；⑤国际电子计算机联网控制体系等。在总控制体系之下，又可围绕国际会计的主要控制目标，分设三个分支控制系统，即国际预算会计控制系统、跨国经济控制系统和国际审计控制系统。在三大分支控制系统之下，还可以根据控制要求与控制目标的变化作进一步划分，如跨国经济分支控制系统，又可划分为国际投资控制子系统、国际性工程控制子系统、国际贸易控制子系统、国际运输控制子系统等。

（3）建立健全国际会计控制的方法体系。从一国讲，微观会计所建立的方法体系是中观、宏观会计方法体系建设的基础；从国际范围讲，国际会计的方法体系应当建立在国家会计方法体系的基础之上。这样，在建立国际会计方法体系时，便首先要考虑完成两个方面的转变，一是国家会计所应用的方法体系（反映控制国民经济的方法体系）向国际化方面的转变；二是企业会计所应用的方法体系向国际化方面的转变。这两大转变的实现便可完成国际会计方法体系的基础建设工作。

根据国际会计控制的预定目标，国际会计控制的方法体系将由四个分支体系构成：

①国际财政收支计量、记录体系。这个系统用于全面地、系统地、准确地反映国际财政收支活动过程及其结果，包括国际财政收支信息的确认、计量、记录、分类综合、分类编报、总平衡测试和信息输出等环节，为进行国际预算控制提供优化的会计信息。

②国际社会责任会计计量、记录体系。围绕国际环境保护法制的执行，全

面地、系统地反映国际环境保护的经济收支活动实现情况及其结果，及时地为国际环境控制提供准确信息。

③跨国经济控制计量、记录体系。全面地、系统地反映跨国经济组织的经济活动状况及其国际财政收支的关系，为跨国经济控制系统和审计系统提供优化会计信息与相关经济信息。

④跨国工程成本控制体系。围绕国际生态环境控制与能源控制，全面地、系统地反映国际性工程投资、投建过程、成本形成过程及其工程验收以及工程投入使用后的结果，为国际工程控制、能源控制和生态环境的控制提供信息。

国际会计控制的方法体系与国际会计控制体系，构成了对国际经济活动的全面控制，它们既受国际会计组织控制的支配，又以国际会计、审计法制为依据，形成科学、严密的控制体系。

4. 全面确定"国际会计控制中心"的控制目标，并以人力资源的优化和控制、能源与资源消耗及利用的控制以及生态环境控制为重点

从专项控制方面讲，在不断完善国际经济控制系统与会计控制系统的基础上，逐步把下列目标纳入国际会计控制目标之列：

（1）跨国公司和区域性经济控制。在跨国公司未出现以前，所谓世界经济系由处于封闭或半封闭状态的国家经济构成。然而，当跨国公司出现之后，国家的经济界域逐步被突破，跨国公司，其中尤其是多国性跨国公司逐渐成为世界经济中最基本的组织形式。即使那些经济组织规模庞大的区域性经济集团，它的基本经济细胞依然是跨国公司。跨国公司经济组织形式的发展，使母国经济由一元化转变为二元化，甚至是多元化。而各种类型的跨国公司又在国际经济运行过程中与国内、国外有配合关系的跨国公司形成纵向的或横向的协作关系。这种日趋复杂的纵横交错的经济关系，是促进整个世界经济日益趋于一体化的重要原因。当今，社会经济运行过程中的连环"共振"与连锁性影响，使每一跨国公司的经济行为都与全球经济的波动休戚相关。当然，跨国经济的国际性运转，必将造成市场信息、科技信息、会计信息以及其他相关经济信息的国际性的交叉传递。一方面这些信息已成为连接国家经济的基本形式，通过信息网络把多国经济的信息交流贯穿在一起；另一方面，国际性经济运转又使得每一经济单元中的信息含量日益增大，使每一经济信息都包容着多方面的内容。因而，要对跨国性经济进行有效控制，首先便必须把握跨国性传递的各种信息，尤其是其中的会计信息。而要把握住跨国性传递的会计信息，便必须建立健全

国际性会计信息系统，把分散的会计信息有规律地组合在一起，从而为国际会计控制系统的运行及时提供依据。

（2）国际性高技术产业群体控制。对于这类具有世界性影响的工程应立足于建立专项控制制度，体现经济控制的针对性。首先是建立事前控制制度，凡国际性工程或跨国工程，在投建之前应报请"国际经济联合控制中心"，进行立项审查，如对工程立项进行可行性研究，考核其是否符合无公害原则与资源合理利用原则等；如进行科技评估与经济评估，围绕能源与资源消耗、生态环境影响等问题综合进行分析，权衡个别效益与总体效益得失，以做出评价性结论。通过评估、鉴定，凡认可投建者，由"国际经济联合控制"中心下达批文，确定这类工程可以进入国际领域。其次是建立国际工程运作控制制度，即围绕工程成本控制，确定能源消耗标准、生态环境保护标准以及各类人力资源投入标准等。最后是对投入使用后的国际性工程确定其事后控制制度，包括权益分配制度、财税制度、生态环境保护专用基金制度以及审计制度等。

（3）国际市场专门化控制。在跨国公司出现之后，国际市场的内容便发生了本质变化，旧日由各国之间单一的贸易关系，逐步被多面向、多角度的复杂贸易关系取代。这样，以往由西方主要国家商法为基础所确定的《国际商法》便越来越显得与现代贸易关系的发展不相适应，它的约束力已被限定在一个日益缩小的区间范围之内。国际商法的研究者们试图制定"一套专门适应于跨国公司法律规则来管辖跨国公司……"然而，"这个问题至今尚未解决。"[①] 这样，包括跨国公司法律规则在内的新的国际商法——国际贸易法，必须充分适应国际经济发展的形势，按照国际市场专门化控制要求建立起来，并把国际会计控制相关内容纳入新法条文系列。国际贸易法中的会计控制条款应对国际商品流通、国际性资本与资产周转、国际性价格变动、国际财税关系以及国际经济竞争具有一定约束作用；此外，对于处于超级形态的国际市场的控制尚有待于建立专门的会计信息系统，以在处理国际资本周转、价格、销售、储运、货币结算、国际税收以及国际性经济竞争方面发挥作用。

（4）国际金融专门化控制。事实上，世界早已形成了独立于各国金融市场之外的国际金融市场，随着银行国际化的发展，这个市场已成为整个世界经济体系中的重要组成部分，并在连接与沟通世界经济中发挥着越来越重要的作用。

---

① 沈达明等：《国际商法》上册，第五章，对外贸易出版社 1982 年版。

当今由各国金融中心构成的国际金融体系已与国际货币体系结合形成国际经济体系的命脉，它在一定程度上主宰着世界经济的发展现状及其趋势。国际金融如同人体之脉络，而国际货币流通则犹如人体脉络中流动之血液，两者无论对于各国的存放款与资本筹集，还是对于跨国公司资本的需求来讲都是至关紧要的。正如世界银行在 1985 年发布的《世界发展报告》中所指出的："国际金融业务为支付提供了一种机制和吸收过剩存款、提供贷款的措施。……它不受不同国别政府的干扰，有助于使资本在世界范围内得到最有效的利用。"这样，当国际金融在资本国际化运转方面发挥着主导作用之时，当国际银行体系内外复杂的、多变的立体经济关系建立起来，并将进一步发展之时，当国际金融市场的波动对于跨国公司波动的影响足以造成世界性的经济大波动之时，对国际金融实行专门化控制也便成为 21 世纪全球性经济控制中的一大战略要务。针对国际金融专门化控制，国际会计控制中心应在以往银行会计国际化的基础之上，着手建立健全金融会计专门化体系，这也是实现对新世纪会计战略目标控制的一个极其重要的方面。

（5）国际投资专门化控制。国际投资是与国际金融相关联的一个问题，它是造成当今资本跨国流动的主要原因之一，也是促进国际金融市场迅速发展的直接原因之一。国际投资在世界经济发展中所造成的影响集中体现在两个方面：一是它不断改变着世界经济分布的格局，影响到整个世界经济的平衡；二是它对世界能源与资源开发、利用以及世界生态环境的变化有着直接影响。所以，国际投资既在正常情况下表现为对世界经济发展的直接促进，又在失控的情况下成为造成世界性的经济危机乃至社会危机的重要原因。因此，对国际投资实行专门化控制，也是下世纪世界经济控制与会计控制的战略目标之一。

此外，21 世纪世界经济控制、会计控制战略目标的确立，还应当包括国际资源开发专门化控制、国际生态环境专门化控制以及从世界经济控制的总体要求出发必须逐步创造条件达到对国际经济大循环控制等。国际会计将通过战略、战术革新逐步把这些目标纳入控制之列。同时，在 21 世纪，各专业会计将在世界经济发展一体化趋势中逐步面向整个世界。

5. 加强国际会计研究机构的建设，实现国际性会计、审计、财务、国际会计教育组织在科学研究中的一体化，深入开展国际会计控制学说的研究，逐步完善国际会计控制的思想建设与理论建设

从新会计控制理论建设方面讲，以下学说当列为主要研究课题：（1）大会

计学说——解决宏观会计控制体系的建设问题；（2）世界人力资源会计控制学说——从宏观控制出发解决人力资源的量、质与结构优化以及解决人力资源经济效益评价问题；（3）国际资源会计控制学说——其研究内容包括能源与资源开发、利用经济效益控制；能源消耗定额确定与执行控制；能源、资源利用审计控制等；（4）国际社会责任会计学说——包括生态环境评估与经济效益测试、环境污染程度计量标准确定和进行处罚的计量标准确定与执行等；（5）国际工程会计控制学说——解决宏观成本控制和微观成本控制的协调与结合问题等；（6）国际经济循环会计控制学说；（7）跨国公司会计控制学说；（8）国际会计教育学说等。国际会计研究机构将在未来国际会计控制体系建设中发挥研究规划及其指导作用。

6. 在"国际审计控制中心"建立健全的基础上，组建"国际审计法庭"，受理、主审世界性重大经济案件，以维护世界经济的和平与发展

"国际审计法庭"既可隶属于"国际法院"（International Court of Justice），为具有经济司法权性质的权威机构，亦可隶属于"国际审计控制中心"，分掌国际经济司法权，按照联合国规约行使职责。除执行《联合国宪章》与相关规约之外，可在已有国际审计准则建设的基础之上，建立"国际审计法"与配套审计法规，作为审理国际性经济案件之依据。"国际审计法庭"所受理的国际性经济案件其范围大体如下：（1）生态侵略案件；（2）国际性生态环境严重污染案件；（3）破坏性国际性经济案件；（4）国际投资违法案件；（5）国际性重大经济投机、诈骗案件；（6）国际性重大经济犯罪案件；（7）非法竞争破坏国际经济秩序案件；（8）重大偷税、抗税、拖欠巨额税款案件；（9）国际违禁商品走私与毒品贩运案件；（10）国际性经济掠夺案件等。"国际审计法庭"的法官由联合国大会与安理会从世界优秀经济司法官及会计、审计专家、教授以及国际著名会计师中选定与委派，被委任的法官处于超然地位，不代表任何国家而代表联合国执法。该法庭之下可按专项审理内容建立分支机构，权力集中于国际审计法庭最高机关——审计法官委员会，裁决重大经济案件与审理一般性经济案件。为维护"国际审计法庭"的权威地位，在其下可建立一支国际经济建设与环境保护部队，在国际经济案件调查取证、案犯缉捕与押送、法庭审判及具体执法中发挥作用。正如"国际自然与自然资源保护联盟""国际水资源协会""国际水污染研究和控制协会""绿色和平组织""欧洲绿党"以及能源组织、诺贝尔基金会所起的作用一样，"国际审计法庭"将在维护世界和平与发展中起

着重要作用。

7. 在国家范围内实现会计控制的战略、战术改革，逐步形成会计控制的微观、中观、宏观梯级控制层次

通过独立的宏观会计控制机构或国家级、地区级联合经济控制机构的建设，发挥会计控制在各经济层次决策工作中的作用，并使国家的会计控制工作在组织制度建设与战略控制目标确定以及战术革新方面与国际会计控制体系的建设保持一致。

首先，在现行经济体制改革中，要确立现代会计控制在国家宏观经济控制中的地位，使其成为宏观经济决策工作中的一个重要组成部分。从管理的权威性和科学性方面讲，国家应认真考虑建立独立会计控制体系的问题；从宏观经济牵制关系建设方面讲，国家应考虑通过建立国民经济联合控制中心，在财务行政部门、计划部门、国家银行、外贸部门以及会计、审计之间建立既相互促进又相互制约的联合控制关系，并把会统结合控制作为强化国民经济联合控制的一个基本出发点。

其次，在国家的经济体制改革中，要研究解决建立反映、控制国民经济宏观经济总量环流和进行平衡测试的计量体系与控制体系的问题。这种计量、控制体系所涉定的目标，不仅是国民经济中的总需求，而且包括国民经济宏观经济总量构成中的国民生产总值、国民收入、总消费、总投资、总储蓄、总财政信贷规模与货币供应以及总进出口等。根据国民经济总量环流的运转规律，建立会统一体化的计量指标体系，并逐步形成全国性的电子计算机联网计量与控制关系。当然，正如前文所述，会计计量与控制将在这个体系中发挥重要作用。同时，根据国民经济总量环流的构成及其之间的关系，建立会统相结合的数控模型，分别控制宏观经济总量的各个部分和各构成部分。此外，用于国民经济综合平衡的报表体系建设亦应采取会统结合形式。总之，未来的国民经济核算体系建设是在原有基础之上的全面深入改革，并为适应未来经济发展的势态，"将一切与货币反向流动的交换活动以及没有货币媒介的自给性经济活动和各种补贴都囊括在国民经济核算体系之中。"[①] 这既是一项十分艰巨的工作，也是一项具有深远意义与战略意义的工作。最后，在发展国民经济与对以往的国民经济体系的调整改革中，需要从宏观成本控制出发，适度确定经济增长与资源消

---

① 中国科学院地学部向国务院提出的咨询建议：《建立资源节约型国民经济体系是摆脱资源危机的唯一出路》，载《中国科学报》1991 年 6 月 21 日。

耗之间的比例，并通过提高资源使用价值，调整各类资源价格以及在国家范围内有的放矢地做好资源优势互补、调剂工作，以抑制生态破坏与控制环境污染。正如我国专家针对中国的实际情况所提出的："建立资源节约型国民经济体系。"① 以节地、节水、节能、节资、节约运力以及提高经济效益，把企业经济效益与社会经济效益的目标统一起来，"以求大幅度降低单位产出的资源消耗，不断提高单位资源的人口承载能力，"②最终消除"以高消耗资源和牺牲环境为代价"③发展经济的不良现象。当然，以资源低度消耗为根本特征的"资源节约型"的国民经济体系的建立，亦必须以充分发挥会计在国民经济宏观控制体系中的能动作用为基本前提。

8. 完成企业会计控制战略、战术革新，实现企业会计控制的现代化建设

就中国的企业，尤其是当今正在发展之中的集团化公司而言，通过全面、深入地进行会计改革，应当把建设"轴承式会计控制"模式，作为 21 世纪会计控制战略革新中一个重要的方面。关于"轴承式会计控制"模式的建设问题，笔者已在《会计控制论》一文中作过初步阐述，现将基本观点重申如下，并做出进一步研究：

（1）"轴承式会计控制"模式的建设旨在实现企业的微观会计控制工作宏观化，以适应当代大科学、高新技术与大经济发展的基本要求。未来的国家经济将实际上是由若干个大型或超大型的集团化经济实体支撑之下的经济，它深切地关系到国家宏观经济效益的实现乃至国家经济的不断发展。因而，未来国家对企业的管理必须把微观控制与宏观控制有机地统一起来，并围绕企业经济效益与社会经济效益实现的统一，把强化宏观会计控制置于重要地位，在会计改革中最终实现"以大制大"的战略。"轴承式会计控制"模式，便是一个完成新旧会计机制转换、实现现代会计控制"以大制大"战略的可供选择的一种管理模式，是解决企业微观会计控制宏观化极为重要的步骤。

（2）"轴承式会计控制"模式的建设还旨在提高会计工作的科学化、系统化管理水平。按照现代系统论、控制论与信息论的基本原理，从现代会计思想体系、组织体系、法制体系、理论体系以及方法体系五个方面，确定这一控制模式的基本内容及其基本结构，并按照现代大经济运转的基本环节与超循环运转的基本格局，确定大会计的控制环节与会计控制循环运转格局，使大会计控制

---

①②③ 中国科学院地学部向国务院提出的咨询建议：《建立资源节约型国民经济体系是摆脱资源危机的唯一出路》，载《中国科学报》1991 年 6 月 21 日。

循环与大经济循环同步增长，并从始至终保持一致。

9. 完成企业会计控制体系的革新，实现企业会计控制的科学化建设

会计的基本职能随着会计环境的变化而相应发生着变化，其发展变化的历史性趋向体现在如下两方面：一是会计的职权、职责与控制范围的扩展；二是会计控制对象、内容的变化。这两方面的变化最终导致会计工作的重点和会计社会地位发生变化。在现代会计发展阶段（20 世纪 20 年代以来），会计基本职能可概括为：反映与控制，两者又以控制为会计工作的重点。反映体现了会计信息确认、优化与系统化的全过程及其优化结果的对口传输过程，它是行使会计控制职能的基础；控制则是会计在国家或企业经营活动过程中能动发挥管理作用的全过程，是现代会计工作的最终目标。为行使会计的反映职能，必须建立健全会计的信息系统，通过科学的会计组织程序与相关会计方法的组合应用，完成会计信息的转换、优化、系统组合与对口传输过程。为行使会计的控制职能，必须建立、健全会计的控制系统，按照科学的管理组织程序实现对会计信息、科技信息、市场信息以及相关经济信息的综合利用，把会计的事前控制与事中控制、事后控制结合为一体，把会计控制建立在分环节控制的基础之上，以实现会计的全方位控制。所以，为行使现代会计的基本职能所建立的控制体系包括两大分支系统，一为会计的信息系统，一为会计的控制系统，两大系统相辅而行，在会计循环控制中发挥作用。根据企业经济活动的运行规律，分别确定两大系统的主要构成环节，根据两大系统的内在与外在联系，确定两大系统之间的转换关系，并根据企业内部与外部对相关信息的需求与利用，确定相关信息的输入与输出渠道，从而构建如图 1-2 所示的会计控制体系。

正如我国会计学家们所指出的："反映是会计最基本的职能……随着会计向前发展，将不断丰富和日益推进它的反映职能。"[①] 亦如前文所指出的，反映是会计信息的优化与转换过程，而会计的"信息系统的本质功能就是把数据变换为信息。"[②] 从会计信息确认到会计信息输出，体现为一个系统而又复杂的运动过程，信息优化的目标在去粗取精、去伪存真，使所认定的会计信息具有系统性、统一性、真实性以及可分解、可传递性。优化信息所涉定的目标并不局限于原始的会计信息，还包括相关的原始市场信息、科技信息与其他相关经济信息，因而，通过这个系统所产出的优化信息不仅包括财务信息、成本信息，而

---

① 葛家澍：《会计学导论》，第三章，立信会计出版社 1988 年版。
② 裘宗舜、吴茂：《会计信息论》，第一章，中国财政经济出版社 1988 年版。

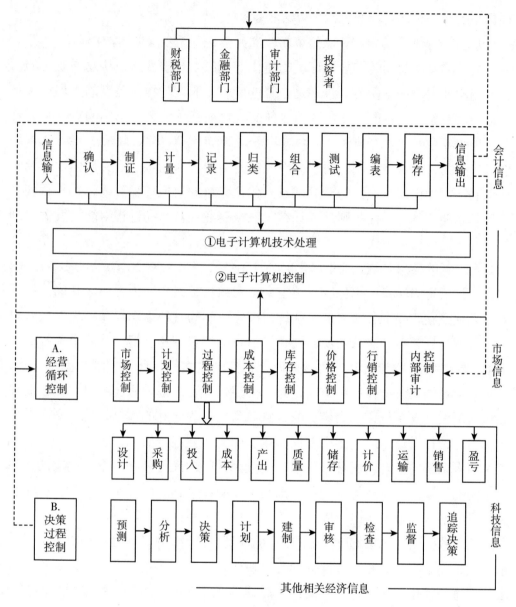

图1-2 企业会计控制体系

且还包括有助于会计参与预测、决策和强化会计控制的管理信息。从时空观念方面考察，通过这个信息系统所产出的信息，不仅是量与质的统一，而且是过去、现在与未来三种时态信息的有机结合与统一。正因如此，这个信息系统所提供的信息才能使现代会计所进行的全面控制工作成为可能。如果没有会计信息系统的正常运作，会计的控制系统也便失去它工作的基础与控制的目标。当然，由于现代经济发展的多向性与复杂性，以及企业经营决策对会计信息和其他相关信息在时效性、精确性、传递时区的准确性等方面的要求所决定，实现电子计算机数据计量与处理自动化是现代会计信息系统建设始终保持先进性的一个必备的条件。

"控制"是现代会计工作的落脚点，会计信息系统归根到底是为会计控制系统服务的，故两大职能中的关键与中心在会计控制方面，现代会计控制的基本内容包括两个大的方面：一是经营循环控制，这个方面又包括按照企业经济活动循环控制运转规律所展开的分环节控制与按照具体经济工作步骤所开展的过程控制。在这个方面，会计的控制职能体现于每一环节，并把各个环节的控制工作有机结合在一起，使分环节的控制转变为一体化的系统控制；二是决策过程控制，即围绕经济决策事项确定、成立与贯彻执行所展开的控制工作。在这个控制系统中，预测与分析是正确决策的依据；计划是决策事项确定、成立的法定表现形式，是会计控制的依据，其中财务计划与成本计划的确定、成立即以会计部门为决策的主体，而在其他计划的确定与建立方面会计部门则处于参与决策的地位；建制是计划执行与实现的保障，尤其是因时、因事制宜所建立的制度，或为解决某个阶段的某种特殊问题所建立的制度，便更为突出地体现了会计控制的针对性；定期与不定期所进行的审核，或是全面审核，或是重点审核，以及日常性的检查与集中进行的大检查（或曰全面检查），属于常规性的会计控制工作，它使计划的严格实行或某一方案的实施落实到每一环节或每一细节；监督是会计控制的一个组成部分，从中文含义上来理解，控制与监督两词的使用有着明显的区别，从这一点来讲，《资本论》第二卷中把马克思关于簿记发展规律论述的一般关键性用语译成"过程的控制和观念总结"是十分确切的。以会计监督与经济问题相联系，其基本含义有二：一为监察，会计工作者有权力和有责任监督各级国家机关官员或企业的领导者以及工作人员的经济行为，保证国家财计法制的贯彻执行与财政收支活动的实现，并通过查证落实和检举揭发经济犯罪行为，维护国家、企业与职工的经济利益；二是督促，督促相关经济指标按照计划如期实现，并对企业经济活动过程中的各主要环节进行日常性督促，使经济活动按照科学的程序进行等。而会计控制所包括的范围则是整个财计领域以及相关管理领域，从时空方面讲，它把经济活动的事前、事中与事后运行过程作为一个连续的被控整体，并能动地发挥其控制作用。从内容方面讲，它既把分环节控制与过程控制结合在一起，形成会计循环控制体系，而又以决策方案的产生、成立与实现为目标，形成以预测为起点，以决策与追踪决策为工作重点的决策过程控制体系。两个控制体系在工作过程中的相互结合，便形成了会计的全面控制。所以，本文认为会计监督决不等于会计控制，会计监督只是会计控制中的一个重要环节；最后，会计的追踪决策是整个决策的重要组成部分，是提高会计控制效益的一个关键性环节，通过决策方案的实践，会暴露一些突出问题，如财务计划中某些指标确定失准，需要加以调整；再如成本计划的确定在某些方面留有漏洞，也需要加以修正，以维护决策方案的正确性，防止会计决策失误。如前述及，会计控制工作的出路在于实现电控化，通过电控化提高会计的控制效率、控制速度与准确性。在21世纪，电算化与电控化将成为实现一体化控制的重要手段。

图1-2还表现了各类信息在企业经济运转过程中的交流与交换，以及在企业内部与外部有目的地输送。在会计信息的加工、运作过程中，融合了相关市场信息、科技信息，使全面控制建立在可靠基础之上。而在会计控制工作过程中，又相应吸纳了相关管理信息，促使会计控制与科技控制、相关经济控制相协调，并不断提高其控制水平。内部会计信息的对外输出，一方面表现为服从和加强国家对企业的管理，以及便于投资者履行对企业的监督权力；另一方面又体现为向国家或投资者明确企业的受托责任，使有关方面对企业的经营成效进行确认、审核，以解除或追究企业的受托责任。会计信息与相关经济信息在企业内部的输送，一则为强化内部会计、审计控制提供依据，二则使其成为推动企业内部各工作环节改进工作的依据。

10. 从发挥现代会计控制在消除人类所面临的"四大危机"中的能动作用出发，在企业会计改革中，实行"成本分流控制制度"与"成本分流控制方法"，将是21世纪实现会计控制工作战略、战术革新的另一重要步骤

把"成本分流控制方法"作为21世纪企业会计控制战略、战术的革新目标，适应当今大科学、高新技术和大经济发展的要求，适应未来会计控制工作在解决人口危机、能源危机以及生态危机中的重要作用。以下按照以"必要消耗"作为控制成本构成的原则，在原有财务成本控制范围确定的基础上，本文重申《成本分流控制初探》一文的基本观点，试将成本划分为五个控制领域，以便于实行分流控制：

（1）财务成本。实行成本分流控制，首先须重新认定财务成本的法定构成范围，严格剔除不属于或不应列入财务成本之内的活劳动与物化劳动的消耗因素，并杜绝人为因素的影响。

①财务成本中活劳动消耗的计量与控制范围。按照优化劳动组合原则，确定企业各专业人才的配比结构，将闲置人力资源从财务成本中剔除出去。

②财务成本中物化劳动消耗的计量与控制范围。在粗放经营情况下，物化劳动消耗中存在的损失与浪费现象相当严重。一方面表现为固定资产利用率低，闲置现象十分严重，损失浪费现象也相当严重；固定资产折旧率低，更新周期长；技术改造投入与设备引进损失严重。另一方面表现为物质资源的严重损失与浪费，如原材料的超期积压、产品的超期库存以及产品进入流通领域之后的闲置等。通常，原材料的必要消耗直接转化为产品的实体，具体体现为社会物质财富供给量的增加，而那些在企业里严重存在着的按实际能力或潜力本来可以避免的那一部分消耗，而在事实上却体现为社会资源的损失与耗费，加之由于"增长的短期行为"所带来的"消耗失控"，这些都直接威胁到人类赖以生存、发展的物质基础。因而，将闲置物质资源与自然资源超耗成本从财务成本中分离出来，单独加以计量与控制，便具有十分重要的意义。

③对应计量列入财务成本的环保费用的确定。正如笔者曾在《成本分流控制初探》一文中指出的：上述三个部分是财务成本构成之基础，是分流计量之后对财务成本进行控制的重点。此外，在财政制度范围以内所规定的其他支出项目，其性质属于政策性投入，它与上述活劳动与物化劳动消耗所发生的必要投入，便形成了财务成本分流计量之后的控制范围。

（2）闲置人力资源成本。在人口过剩、人力资源闲置和浪费现象严重的国家里，应根据具体情况，逐步创造条件对闲置人力资源成本实行单独计量、考核与分析，并分期、分批解决控制制度建设与控制方法方面的问题。

（3）闲置物质资源成本。必须针对闲置原因进行专项分析，揭示问题，明确经济责任，并限期做出处理。逾期不作处理者，应视情节轻重，予以经济惩罚（惩罚数额不得列入任何成本），甚至追究责任人的行政责任乃至刑事责任。

（4）自然资源超耗成本。对于这类的专项控制既是实现由粗放经营向集约化经营转变的一种有效管理方法，也是控制自然资源消耗，提高资源利用效益的一项重要措施。

（5）生态环境成本。人类在生态环境方面的要求，与其在物质生活方面的要求是完全一致的，在正常进行生产活动的情况下，两者应当达到统一，即满足消费者在环境与物质方面的双重需求。但在传统生产、经营思想支配下，既排除了对自然资源供给的约束或限度的考虑，也排除了在维护生态环境方面的基本要求，故这一点正是笔者主张将生态环境成本分流计量与实行专项控制的依据。

（四）新世纪会计教育的历史使命——大会计教育建设论

正如第七届国际会计教育会议所拟定的主题，为迎接"全球性挑战"，须通过改革建立 21 世纪的会计教育体系，使会计教育国际化、普及化成为会计控制战略革新的一大重点。

当今，一直被称为人类文化"圣地"的教育正在发生极其深刻的变化，这种变化将对 21 世纪科技与经济的发展产生十分重要的影响。而 21 世纪的教育又将在大科学、高新技术与大经济发展的推动之下，朝着以国际化为基本特征的"大教育"方向发展，为此，学者们把 21 世纪称为"教育世纪"[1]。在中国，人们已经认识到教育是未来世纪社会经济发展的至关重要的战略产业，提出"百年大计，教育为本"的口号，并作出了未来世纪教育发展的战略规划。在当代已形成的大科学、高技术、大经济与大会计的发展格局中，会计教育问题在中国、在世界都显得十分紧迫、十分突出。为迎接全球性挑战，无论中国还是世界都应提前做出下世纪会计教育的战略规划，确定下世纪会计教育的战略目标。这一部分笔者将以新世纪中国会计教育改革和发展趋向研究为主，兼论世界会计教育的发展方向。

1. 21 世纪中国会计教育、世界会计教育的战略目标——实现"大会计教育"。伴随着大科学、高新技术、大经济与大会计的发展格局在世界上出现，世界教育发展出现先于经济发展的倾向，正如联合国教科文组织国际教育委员会通过广泛调查研究所做出的结论："现在，教育在全世界的发展正倾向先于经济的发展，这在人类历史上大概还是第一次。"[2] 这样，从社会发展战略上讲，教育已被确认为是未来的事业，发展科技、发展经济要先注重发展教育，教育一定要先行。自然，会计教育也是这样，20 世纪末的会计教育是为 21 世纪培养会计人才，它关系一代经济的发展和一代会计管理人才的素质。这是人类教育思想（也是会计教育思想）方面的一个重大转变。

但是，必须注意，要解决会计教育先行的问题，首先必须解决"大会计教

---

① 范毅：《21 世纪科技发展预测》，载《国外科技动态》1988 年第 5 期。
② 薛焕玉：《教育要先行，教育为未来，创建学习化社会》，载《未来与发展》1991 年第 1 期。

育"建设方面的问题，使"大会计教育"的发展和大科学、高新技术、大经济与大会计控制发展相适应，然后，再按照"大会计教育"的要求造就一大批具有全新知识结构的会计人才，使之成为 21 世纪经济管理队伍中的中坚力量。本文所讲的"大会计教育"，不仅是指会计人才一生所受教育的总和，在培养中使其接受一体化的专业教育，而且更重要的还是指会计教育的普及化、开放化与国际化。普及化会计教育是为适应大经济发展要求，让未来社会的人们都能运用会计控制手段管理社会经济，这个问题以下还将专门论及。随着国家经济走向世界，世界经济朝着集团化、一体化方向发展，会计控制也将同时超越国家界域步入世界，步入宏观经济领域，因此，会计教育开放化、国际化已是大势所趋。如果说"大科学时代需要科学帅才"①的话，那么，毋庸置疑，在 21 世纪，当世界步入"大会计"时代之后，大会计控制的发展也必然需要具有驾驭国家经济与国际经济的帅才。

当今，大学教育国际化已成为不可逆转的世界性潮流。在 20 世纪 80 年代，日本人提出了"21 世纪教育改革五原则"②，并把"国际化原则"放在首位，1986 年他们还探讨了在 21 世纪初"接受 10 万留学生计划"的可能性③。与欧共体的发展和"尤里卡"计划的倡导相适应，西欧各国准备联合创办"欧洲大学"④，以适应经济国际化与教育国际化的要求。此外，"教育国际化"亦引起了美国、澳大利亚等国的重视，这些国家都对下世纪经济发展对国际性人才的需求产生了紧迫感。会计教育的国际化不仅是为了造就适应国际经济发展的国家级会计人才，也是为了造就能在世界经济控制中发挥作用的国际级会计人才。因此，在未来的社会，大学会计教育要坚持对外开放与交流，交流会计教育方法、教学人才和合作办学、合作从事会计科学研究工作。

2. 21 世纪中国会计教育的另一战略目标——实现会计教育的普及。专家们认为"普及化、多样化、现代化"是未来高等教育的一大发展趋势⑤，自然高等会计教育的发展也是这样。经济世界走向一体化，会计必然成为国际社会共同的事业，自然，会计教育也必将是国际社会的共同事业。大经济的发展，使复杂的经济关系渗透到社会的各个方面，经济社会里的问题将触及千家万户，乃

---

① 赵红洲、蒋国华：《大科学时代更需要科学帅才》，载《领导科学》1990 年第 8 期。
② 方延明：《世界高等教育的"九化"态势》，载《科学学与科学技术管理》1990 年第 6 期。
③ 龚放、赵曙明：《大学国际化——高等教育发展趋势》，载《高等教育研究》1987 年第 4 期。
④ 尚知行：《展望发达国家高级人才教育的战略动向》，载《瞭望》1986 年第 32 期。
⑤ 眭依凡：《普及化、多样化、现代化——高等教育的未来趋势》，载《未来与发展》1990 年第 6 期。

至每一个人。一个有用之才不仅要具有一定的技术水平，而且要有经济头脑，在对个别问题的经济决策中发挥能动作用。在近代会计发展史上，公众的理解和信赖是会计发展与其社会地位提高的重要标志，而在未来社会的发展中，公众将需要具有处理某些会计问题的能力，把旧日的理解、信赖与支持，推进到大家都来过问会计管理问题的方面。在中国，会计教育是进入职业教育阶段后才开始的，在基础教育阶段并不考虑会计基础知识传授方面的问题，这是会计教育中所存在的一个问题。在中等教育阶段适度增设会计课程，传授会计的基本原理，不仅是推进21世纪会计教育普及的一个重要方面，而且将在提高专业教育质量方面起到显著作用。此外，会计教育的多元化与采用多种形式的会计职业技术教育也是实现会计教育普及的重要方面。这将是下文着重阐述的问题。

3. 建立健全多层次、多面向、多渠道和多种方式的会计职业教育体系，从总体上提高21世纪会计人才的专业素质，并在数量上满足社会对会计管理人才多方面的需要。中国从1950年起就创办了会计函授教育，近十多年来，为满足经济改革与加强经济管理对会计人才的需要，又先后创办了电大、自修大、夜大、会计专修科和各种研修班、短训班等多种形式的会计教育。如参加电大学习的财会工作者达4万多人，在会计人员培训基地中华会计函授学校的2000多个函授站中，在册学习人员已达22万余人，并有6万多人已获得毕业文凭。十年中，我国对98万多人进行中专以上的学历培训，对97万多人进行了中专以上的在岗培训，从而提高了我国会计工作者的整体素质。从1982年起，我国又开始采取多层次培养会计高级人才的方式，在大学攻读会计专业者，不仅有专科、本科生，还有硕士、博士生，也有不少人输送到国外攻读会计学位，这又较快提高了我国高级会计工作者、研究者在群体中的比例。在21世纪，为适应中国经济改革向更高阶段发展的需要，我国将形成多层次、多面向、多渠道与多种方式的会计职业教育体系，并逐步实现高等会计教育、科学研究与会计事业一体化。通过各种形式的专职培训，不断更新会计工作者的知识结构，使其不仅具有高质量的工作能力，而且具有一定的科学研究能力。

4. 适应世界经济综合化的发展趋势和自然科学与社会科学在交叉、渗透中建立联盟关系的发展趋向，改革会计专业的招生制度、会计课程设置制度与培养目标。在现行会计改革的基础上，在21世纪，中国的会计教育将会产生三个基本变化：一是在招生制度改革方面，将朝着文理不分科、专业有倾向的方向发展，最终形成新型的跨学科专业；二是在课程设置改革方面，将按照综合化要求，融合理工管理与会计学、审计学与财务管理等多方面的知识，形成新的课程体系；三是在培养目标方面，将把当今会计师、经济师与工程师的培养目标结合在一起。

5. 会计学教育师资队伍的改革将是 21 世纪中国会计教育改革的重要目标，通过改革将使会计教育师资的构成发生根本性变化。在这支队伍中，除会计学教授外，还将有在社会经济活动中取得显著成效的工程师与律师、注册会计师。这一改革目标的实现将有效地改进会计高级人才的知识结构，使其在国家与国际的宏观会计控制中发挥重要作用。

6. 建立全国性的教育研究中心，研究全国性的教育问题，并指导各地的会计教育工作，以始终保持会计教育的先进性。教育中心还具有组织国内与国外会计教育交流的作用，聘请外国专家到各大学讲学，并组织国际性会计教育会议。这项工作也将成为 21 世纪中国会计教育改革的奋斗目标。

7. 21 世纪中国的会计教学设施改革，将朝着自动化方向发展。微机教育将不局限于电子计算机会计这一个方面，还在于会计实验中心的自动化建设方面，在实验中心与教室内采用国际、国内数据库资料，使学生在校学习期间就具有掌握一个公司或一个会计科研机构的能力。

8. 21 世纪的中国会计教育学制应在大学前教育的基础上，实行六年交叉性学制，即两年大学教育后，在公司或其他相关部门工作两年，然后回到大学进行两年的学习与科研活动。这种改革使会计专门人才具有在微观、中观和宏观经济控制中的适应能力。

总而言之，大会计教育建设是 21 世纪会计教育工作者的一大历史使命，它将走在世界大经济运行的前面，促使世界级、国家级宏观会计控制工作的实现，使会计控制人才在世界和平与发展中发挥重要作用。

（五）最终申明的结论——会计控制、会计教育与"战争—和平"问题

现代人希望世界在"和平与发展"中向 21 世纪推进，并期望世界永远处于"和平与发展"状态，然而，希望并非现实。"和平与发展"的环境是人类创造的，而"战争与灾难"亦由人类自我酿成，故解决未来的"战争与和平"问题，

全仰仗人类的自控与自决能力。在现代社会的舞台上，伴随着由"军事称霸"向"科技称霸"乃至"经济称霸"时代的转移，战争的导因也随之发生变化，自然，引发战争的火种也移至经济问题方面。这样，当全球性经济问题成为人类解决"战争与和平"问题的关键之所在时，现代会计控制和教育与解决"战争与和平"问题的直接关系便被建立起来。就此，本文得出如下结论：

1. 发展现代化经济，一靠现代科技，二靠现代化管理，两者缺一不可，而作为现代化管理体系中重要组成部分的会计控制工作，它的建设性作用，强有力地推动着现代社会经济的发展，进而促进着人类的"和平与发展"事业。

2. 在大科学、高新技术与大经济的发展把文明社会的建设推进到更高阶段的同时，其中已潜伏着极为严重的社会性危机，这种危机已威胁着人类的生存与发展。由于构成现代社会性危机的各个要素无不与现代会计控制直接相关，因而，发展与危机这两方面，既是现代会计所面临的挑战，又是历史性机遇。

3. 包括微观、中观和宏观会计控制在内的现代会计改革，其涉定目标在于通过确定"以大制大"战略，实现对大经济的全面控制。从微观控制着手，逐级扩展到宏观经济世界；从人力、物力消耗控制入手，防患于未然。危机源于微观，祸及世界和平，故当防治危机于微观。防微杜渐之意义，正如古人在"蚁穴溃堤"和"指疾丧躯"成语中所示之道理。

4. 21世纪的会计控制不仅从控耗节能入手参与解决大的社会问题，还将从宏观建设和控制着手参与解决国际社会的全局性问题。在这两方面，它既具有建设性促进作用，有利于会计事业的繁荣与发展，又能起到治理性控制作用，有利于维护世界和平，消除战争。

5. 21世纪的会计将具有双向结合的控制功能，它既可立足于企业，解决企业微观会计控制宏观化的问题，又可以在国家范围乃至世界范围，把宏观会计控制问题落实到微观方面，通过解决宏观会计组织、法律制度、理论与方法建设问题，实现宏观控制效益，最终达到微观控制与宏观控制的统一。现代会计控制系统在世界范围内形成是参与解决"战争与和平"问题的重要前提条件。

6. 确立会计控制在整个世界经济控制体系中的地位和确认它在解决"战争与和平"问题中的基础性作用，是当代世界经济管理思想建设与发展的重要标志，它具有历史发展的必然性。在新世纪，会计在这一领域里的作用，虽不能取代诸如政治、经济、外交与军事等手段所处的地位，但它的地位与作用也绝不可以被其他手段取代。

7. 发展科技与强化管理的关键在于教育。教育不断优化着社会的人才结构与提高着人力资源的素质，造就一代又一代科技、管理和会计帅才，作为维护世界"和平与发展"事业的栋梁。新世纪的会计教育具有国际性责任，它将通过建立大会计教育制度，培养国际性会计控制人才，向跨国性经济、国际区域性经济集团或向落后地区与国家输送会计人才。同时，新世纪的会计教育又具有普及会计知识的责任，通过普及性教育，形成以国际会计组织与会计师为主体的世界性会计控制力量，在国际和平建设事业中发挥重要作用。

在 21 世纪，新一代会计学者、会计工作者将在世界或国家范围内为实现大科学、高新技术、大经济、大会计以及大教育一体化而奋斗，从五湖四海伸过来的手将紧紧握在一起，同心协力创造人类科技世界、经济世界和会计世界和平与发展的光辉灿烂前程。

（写于 1992 年）

二、建立会计第二报告体系论纲

从 1997 年"京都会议"到 2007 年"巴厘岛会议",各国政府为拯救人类向"污染型经济"发起全面宣战,并确定了建立"绿色经济时代"的长远战略目标。围绕这一目标,科学家与政治家构建了进行全球环境治理的基本框架,而经济学家与管理学家也明确了务实研究的行动纲领。当前,在总体上,虽然高层次宏观层面的研究成果已具有统领性指导作用,但却缺乏基础层面的务实性研究。针对这一点,本文把研究重点放在"会计第二报告体系"建立方面。由于内容广博,难点很多,故在此仅论其纲。

(一) 发展经济与保护环境之间的辩证关系

人类通过科技进步与经济发展的结合,既创造了人类社会,也持续发展了人类社会,推动经济可持续发展是社会进步的永恒主题。两者之间存在的辩证关系在于:(1) 经济的可持续性发展必须以保护好生态环境为根本前提,在处理好它们的对立统一关系的基础上,实现两者的"良性互动";(2) 辩证处理好资源耗费与环境保护两方面的可持续性,这是实现"良性互动"的基础;(3) 会计控制要在资源可持续性消费与财产权益及生态权益之间,探讨建立新的平衡关系,探索新的平衡控制点。

(二) 在全球社会范围内,必须认识与发挥会计控制在实现良性互动中不可替代的基础性作用

近几十年来,人们虽然从可持续发展经济学、循环经济学、资源经济学以及环境经济学等领域力求解决"良性互动"问题,并已取得了显著成效。然而不少重要问题仍悬而未决,并且一直囿于一个怪圈之内,使其成为研究中让人

十分懊恼、困惑的问题。事实上，这是缺乏解决"良性互动"基础性问题的缘故。实现"良性互动"，要解决两方面的问题，一是基础层面的财务控制问题，通过它可以把一个地区、一个国家的产业结构落在实处，真正实现资源消耗低、污染轻微的高科技产业成为发展国民经济的主体；二是基础层面的会计控制问题，通过它可以切实解决一个地区、一个国家乃至一个企业的资源消耗结构问题，不断提升可再生资源的消耗比重，不断降低污染型消耗与降低环境成本，为改造"污染型经济"实现良性互动创造一个最充分的基础性条件。如果一些人和一些学术权威依旧戴着一副"老花镜"看待财务与会计，那么这个问题便很难解决。

（三）建立会计第二报告体系的历史基础

经济全球化使生态环境问题全球化，人类开始从全球社会范围研究良性互动问题。目前，可以作为解决第二报告体系建立基础的文献主要有两个：一是全球报告倡议组织（GRI）制定的《可持续发展报告指南》，该文献从对综合性标准确定角度考虑可持续发展报告信息披露问题具有纲领性指导意义；二是联合国所属国际会计和报告标准政府间专家工作组（ISAR）通过的《环境会计和报告的立场公告》，尽管这个文件基本上是原则性的，但它所阐明的基本原理可作为本文研究的基础。此外，可以作为研究基础的文献还有英国的《环境报告和能源报告编制指南》《财务报告中的环境问题》、丹麦的《绿色账户法案》，以及把生态资源和环境要素纳入国民经济核算体系的《中国绿色国民经济核算研究报告2004》等。

（四）关于实现以"产权为本"向以"人权为本"支配社会经济时代的根本转变

自进入阶级社会以来，以"产权为本"的思想，便一直成为支配社会经济发展占主导地位的思想，尤其是在进入市场经济发展阶段后，产权经济已成为社会的标志性命名，产权价值运动强有力地支配着企业、地区、国家乃至全球的经济循环。世界俨然是一个被产权支配、控制的世界。

围绕产权的反映与控制，500多年以来，近、现代会计以资产、负债、资本与权益为主导性会计要素，并以此构建与发展完善了会计的第一报告体系。该体系以产权及其权益为核心寻求平衡关系并通过控制保持这种平衡关系；同时，它还通过系统披露与揭示产权占有、产权价值投入与权益增值状况，为单元利益主体权利竞争性决策服务；它通过现金流量的披露与把握，保持独立经济单元的正常财务状况以防范与化解财务风险。正是在"产权为本"思想的支配之下，人类在相当长的历史时期内，涉近不求远，朝前不顾后，一味地追求经济的发展而无视生态环境问题，在事实上把经济与环境对立起来，从而最终造成了严重威胁人类社会可持续发展的环境问题。自然而然，会计控制工作的发展也完全被这种思想束缚在一个固定的小圈子之内。

当今，会计要在"良性互动"中发挥基础性控制作用，实现向以"人权为本"的转变，便必须通过改革，建立会计的第二报告体系，并在报告内容整合的基础上，重新调整反映与控制的重点，纠正以往工作的片面性。同时，要在第一报告体系改革的基础上，对两大报告体系进行整合，既要把工作的一个重点放在对产权价值运动的系统反映与控制方面，也要把工作的另一重点放在以"人权为本"，实现经济发展与保护生态环境"良性互动"方面，并把握好两大报告体系的关联点，使会计控制工作成为保障全球社会可持续发展的一个重要方面。

（五）会计第一报告体系与第二报告体系的关联点

马克思与恩格斯指出，人类生存的第一前提，就是一切历史的第一前提。在史前时代，人类首先通过解决生活资料的生产，来解决人种的繁衍问题，人类社会正是在解决人种的正常繁衍基础上发展起来的。而今，当环境问题日益威胁到人的生存权时，解决生存权问题便成为矛盾的主导方面。因此，由以"产权为本"向以"人权为本"的转变便成为历史的必然。这一点既是建立第二报告体系的出发点，也是在两大报告体系之间明确关联之点的关键。

从根本上追究，环境恶化产生危害的集中点是人的生存权，生存权是人最起码的权力，也是最根本的权力。失去生存权，其他一切权力便无从谈起。片面坚持以"产权为本"，造成经济失控与发展扭曲是导致环境恶化的根本原因，而经济失控的具体原因又在于资源耗费失控、失衡以及消耗中的废气、废水排放失控。从第一报告体系考察，会计对资源耗费成本的反映与控制是极其片面的，它既放弃了对环境成本的单独考核，又没有通过比较对资源成本与环境成本进行考量与分析，因而，它在权益计量、确认与效率评估等方面也是虚而不实的。以往把环境信息作为附列的部分来列示，事实上这样做就连附带反映与控制的目的也达不到。

所以，本文从会计控制工作一体化角度出发，把会计两大报告体系的关联点确定在"权益"方面，第一报告体系以"产权为本"，系以"权益"作为施行控制的支点，而第二报告体系则充分体现以"人权为本"，把施行控制的重点放在"财产权益"与"生存权益"相统一的方面。保障人的生存权是施行控制的根本前提，以实现"良性互动"为控制的目标，达到"财产权益"与"生存权益"的统一。必须指出，实现"良性互动"，并非让人类一味削减必要的耗费与放慢发展速度，也并非听之任之继续走以往的老路，而是通过切实控制，从根本上改变耗费的方式与方法，改变发展经济的路径，彻底消除"浪费型经济"与"污染型经济"，在"良性互动"中实现社会经济乃至全球社会的可持续发展。

（六）第二报告体系的基本构成和信息披露与问题揭示的重点

以下所讲框架属于设想性质，尚有待通过实践进行反复研究、验证与改进。其一，该体系中的关键要素为：（1）环境治理投入；（2）环境成本；（3）环境损失；（4）生态权益；（5）资源耗费；（6）资源非正常性耗费；（7）资源损失；（8）不可再生资源耗费；（9）水资源耗费；（10）污水排放量与损害估价；（11）水资源防污治理投入；（12）废气排放量与损害估价；（13）大气排污治理投入等。其二，该体系中的第一报告——"资源耗费与环境互动平衡状况表"设置。相对第一报告体系中的三种主要报告而言，本文将其称为会计的"第四报表"。其三，"资源成本与环境成本构成对照表"，用以分析与评价生态权益。其四，"水资源耗费与排污状况表"，通过对水资源的专项反映与控制，考核企业社会责任履行情况。其五，"废气排放量与大气污染危害程度报告表"，用于考核企业社会责任履行情况。其六，"企业（或地区）履行社会责任综合指标汇总报告表"，按企业所属行政区划，按指标进行汇总，并以书面报告的形式，说明自检、自测与自控情况，揭示主要问题产生原因，并表明改进意见。

该报告体系中的各报告从一个侧面，或从综合的方面，体现以"人权为本"

精神的贯彻情况，整个信息披露与问题揭示的重点集中在资源耗费与环境"良性互动"方面，借以分析与评价报告单位对"生态权益"的保障、维护情况，最终把控制点始终集中在对人的生存权利的保障方面。

（七）第二报告体系和第一报告体系地位与作用之比较

随着环境问题全球化，当生态环境成为解决经济可持续发展，乃至人类社会可持续发展矛盾的主导性方面的时候，只有通过建立独立的第二报告体系，才能解决新环境下的会计控制问题。从以"人权为本"，保障与维护人的生存权方面讲，第二报告体系的作用是第一报告体系不可取代的，并且要切实解决环境恶化问题，实现人类社会的可持续发展，第二报告体系的重要程度理当排在首位。

（八）第二报告体系编报中应注意把握的问题

假设这几种报告都能够成立，从正式编报出发，尚应重视下列几个问题：第一，报告编制类别的区分。由于高科技企业代表着今后国民经济发展的方向，这类企业资源消耗量低、环境污染程度低，故首先可把这类企业报告编制作为示范。其次，在取得经验与改进意见之后，再把重点放到一般性污染企业和传统的高污染企业。当然，这种重点编报的转移，实际上是控制重点的转移；第二，在解决重要指标的计量问题方面，要实行会统结合，财政主管部门与统计部门应进行协调；第三，对该体系中的第四会计报告要实行强制性披露制度，保持报告编报的统一性与一致性；第四，对综合性报告和报告汇总编制，应按行政区划，在协调财政部门、环保部门、统计部门以及审计部门组织工作的基础上，统一建立报告汇总编制机构，由地方至中央逐级上报，最终由中央统一进行审计，向社会发布公告。

本文所提出的都属于探索性的意见，希望能引起同行们的注意，能在共同探讨中取得实质性进展。

（写于 2008 年）

三、成本分流控制初探

在产品的质量、数量、品种、成本以及经济效益这个统一体中，经济效益是目标，质量控制是基础，增加品种、数量是手段，而强化成本控制则是处于中心地位的关键环节。在粗放经营时代，我国工业发展所经历的道路，基本上是扩大外延再生产的道路。作为维持简单再生产补偿尺度的成本，在高投入、高产出、高消耗的生产经营格局支配下，事实上已造成了社会与企业无法补偿的损失。尤其是完全排除了自然资源消耗约束的成本控制，已经失去了它内涵中"必要消耗"所固有的意义。显然，这种成本控制机制一直处于不完善状态，它的作用受到了限制，控制方式也通常处于非系统状态。尽管它在形式上确立了"财务成本"一统天下，然而，它所包含的成分却相当庞杂，已远远超出了财务成本的范围，成为一个易于藏污纳垢汇合各类消耗的集合体。所以，在由粗放经营向集约经营转变的初始阶段，在企业会计中，首当其冲要改革的便是成本控制问题。面对当今大科学、高技术和大经济发展的形势，适应集约化经营的要求，针对以往成本控制工作中所存在的问题，笔者认为，逐步创造条件，实行成本的分流计量与控制是进行成本会计改革的一个可供选择的方案。以下所提出的有关实行成本分流控制的基本架构，尚处于初步探索阶段，仅作为一种讨论这一问题的参考性意见，供各位研究。

按照以必要的活劳动与物化劳动消耗作为控制成本构成的原则，以原有财务成本控制范围为基础，可将成本分割为如下五个方面，实行分流控制。

（一）财务成本控制

财务成本是计量、考核与确定利润的基础，其构成范围确定原则，一是成本的客观经济内涵——必要的活劳动与物化劳动消耗，一是国民经济的分配方针与经济核算制要求。前者是基础，是确定财务成本构成范围的依据；后者体现为政策性要求，这种要求以遵循客观规律为前提，并注意保持相对的稳定性。以上两方面的结合，便形成了对财务成本的控制制度，并成为一种具有法定性意义的要求。凡在其约束范围之内的开支为合法，反之则为不合法。这种确定方法曾经是科学的，在成本控制工作中发挥过重要作用，但随着科学技术与社会经济的发展，这种财务成本已名不副实。其中不仅含有许多不确定成分与人为因素，而且早已违背了它所固有的确定原则，在活劳动与物化劳动两方面不仅存在不必要的消耗，而且严重存在过量消耗及其损失浪费。这种情况已使其成为掩盖"隐蔽性失业"① 现象、资源浪费现象以及生态环境恶化现象的场所。所以，实行成本分流控制，首先便必须重新确定财务成本的法定构成范围，严格剔除不属于或不应当列入财务成本范围的活劳动与物化劳动消耗因素，并杜绝一切人为因素的影响。为此，本文试对财务成本范围作如下调整与确定：

1. 财务成本中活劳动消耗的计量控制范围

由于我国人口众多，国家不得不采取低工资、高就业政策，这样，也就免不了与"劳动力集约型"要求相背离，活劳动消耗的浪费便成为我国一个带着普遍性的问题。"目前全民所有制企业约有 2000 万冗员"②，此外，每年还约有700 万人需要就业安排，这种情形便使财务成本背上了一个极大的包袱。加上人才配比结构不合理，人才错位与断层现象严重，使企业难以实现劳动的优化组合。优化组合问题解决不了，又必将造成管理中系统控制功能的丧失，以致出现"管理颓势"。从会计方面讲，由于活劳动消耗失控，成本的计量与考核便必然失控，企业的经济效益指标与社会经济效益指标也便难以实现。由此可见，人力资源失控是我国经济实现由粗放经营向集约经营转变的一大障碍。

从成本控制方面考虑，要改变我国人力资源严重失控现象，首先便有必要把闲置人力资源因素从财务成本中分离出来，使其成为独立的成本控制领域。在闲置人力资源成本分流计量之后，财务成本中活劳动消耗的计量范围便可按如下步骤确定：（1）根据企业的生产、经营特点，合理确定人力资源的配比关系，在企业范围内按配比关系确定各类人才的配比数量；（2）根据企业的生产、经营情况，按车间或专业经营部确定各类人才的配比关系，并以此确定其配比数量；（3）根据企业各类人才的配比数量，确定应列入财务成本的工薪数额（含奖金、福利费等）；（4）为保证企业优化组合目标的实现和发挥各类人才在

①② 阮思光：《实现转变的几大障碍》，载《人民日报》1991 年 4 月 17 日。

配比关系中的作用，可重新考虑岗位责任制度的建立问题，以有效地整肃劳动纪律，发挥企业整体运转功能。

2. 财务成本中物化劳动消耗的计量控制范围

企业要实现集约化经营，便存在如何以集约的方式利用物质资源与设备的问题，存在如何确定财务成本构成中物化劳动耗费的问题。在粗放经营情况下，这方面所存在的问题相当严重：一方面表现为固定资产利用效率低，闲置现象十分严重，损失浪费相当惊人，固定资产折旧率低，更新周期长，技术改造投入与设备引进投入损失严重。另一方面表现为物质资源的严重损失浪费，如原材料的超期积压、产品的超期库存以及产品进入流通领域之后的闲置等等。一般讲，原材料的必要消耗直接转化为产品的实体，具体体现为社会物质财富供给量的增加，而那些在企业里严重存在着的"按实际能力或潜力本可避免的那部分消耗"[1] 就完全体现为资源的损失或浪费。就固定资产一项来考虑，在 1.6 万多亿元国有资产中，其闲置部分已达 2000 亿元[2]，而且在国有企业之间一直难以实现资产互补和资源的合理、最佳配给。从能源消耗方面讲，"我国的能源消耗系数在全世界可算是最高的"[3]。此外，综合起来考察，我国中间产品太多，最终产品少，由此造成物化劳动占工业生产成本的比例大大高于发达国家[4]。这些不能不是实行集约经营必须重点解决的问题。正如笔者在《走向宏观经济世界的现代会计》一文中所指出的：由"增长短期行为"所带来的"消耗失控"，其结果必将导致"增长的极限"，甚至失去人类赖以生存发展的物质基础[5]。所以，将闲置物质资源成本与自然资源超耗成本从财务成本中分离出来，独立加以计量与控制便具有极其深远的意义。在上述两种成本分流计量与控制之后，财务成本中的物化劳动消耗部分应当作如下界定：（1）服务于企业生产、经营活动的固定资产折旧费；（2）从事科研、技改和新产品试制所发生的不构成固定资产的正常费用，而由于责任事故所造成的损失不得列入其中；（3）根据企业生产、经营特点，按产品核定的原材料消耗定额，并通过限额采购、定额配给和按照定额投入加以控制。凡在定额之内的投入列入财务成本，定额外则作分流计量处理。对辅助材料投入控制方法亦大体如此。（4）合理确定水电和各类燃料配给定额，按照定额控制投入，凡定额以外的消耗不得列入财务成本。

---

① 李晓帆：《建立新时代的资源经济观》，载《现代化》1990 年第 9 期。
② 阮思光：《实现转变的几大障碍》，载《人民日报》1991 年 4 月 17 日。
③④ 柳随年：《集约经营——我国工业现代化的必由之路》，载《人民日报》1990 年 10 月 12 日。
⑤ 郭道扬：《走向宏观经济世界的现代会计》，载《会计学家》1990 年第 3、4 期。

物化劳动消耗定额的确定是一个相当复杂的问题，需要一个研究、探索过程。国家可建立专门研究机构，研究确定国民经济各部门、各产业类型对主要资源、能源的消耗定额，企业主管部门或企业可在国家所颁布的定额范围内，根据本企业生产、经营特点，确定适用于本企业的各项定额。通过反复实践，反复调整定额，逐步做到合法与合情、合理。

3. 对应列入财务成本的环保费用范围的确定

专家认为："社会生产系统与自然资源环境，具有物质、能量和信息相互流动及相互平衡的关系。自然界不仅是劳动对象，还是人类生存条件和生产环境。因此，生产活动必须考虑其生态效应，如生态环境对废弃物的容纳、吸收或分解的阈限，对自然资源给予补偿和再生产的能力等，使生产活动在保护生态环境前提下进行，由此形成社会再生产与自然再生产的协调关系"[①]。资源的超耗与生态环境的破坏是相联系的，而生态环境的破坏又直接影响到社会生产和人类的健康生活以及危及人类的生存与发展。所以，在集约化经营下，控制消耗的目的不仅在于经济效益，还在于维持与实现环境效益，在生产、分配、交换、消费与效益之间形成良性循环关系。正常生产条件下的环保投入是一种必要的投入，是在生产经营过程中坚持"生态原则"下的合理性支出，故这一支出当列入财务成本，而由于违背资源利用原则，造成生态环境恶化，或由于重大责任事故使生态环境遭受破坏，在此情况下所发生的治理环境投入或罚款，系非正常投入，故不得列入财务成本。

以上三部分是成本分流计量之后财务成本构成的基础，是进行会计控制的重点。此外，在财政制度范围内所规定的其他支出项目，属于政策性投入，它与以上财务成本构成中的基础部分的结合，便形成了分流计量以后的财务成本控制范围。

（二）闲置人力资源成本控制

从我国国情出发，在短期内要想改变国家的就业政策是办不到的，那种造成财务成本膨胀的活劳动的非正常投入在短期内亦难以全面得到解决。然而，对于这一阻碍集约化经营实行的最大弊端却绝不可以视而不见，听其自然，而

---

① 李晓帆：《建立新时代的资源经济观》，载《现代化》1990 年第 9 期。

应当立足于对本国、本地区与本企业现时状况的分析，逐步创造条件解决这一问题。对闲置人力资源成本的单独计量、考核和分析，首先要解决的是思想方面的问题，要让人们明确这一问题的存在，认识这一问题的严重性，并在此基础上作出改革设想，以分步、分期解决其控制问题。闲置人力资源成本的计量、控制范围如下：

1. 企业生产、经营和管理活动合理配置以外的人力资源及其相关费用列入闲置人力资源成本。

2. 人力资源的非正常损失。包括违反计划生育规定造成的损失、由于管理失职或严重违章操作所造成的重大工伤损失以及人力资源培训损失等。

根据我国国情，对闲置人力资源成本的计量处理办法，可以分作三个阶段，分别采用不同的办法。第一，为提高认识，转变思想的阶段。企业在计算财务成果时，暂以闲置人力资源成本作抵减企业本期收入处理，但要作出分析，提出处理意见，逐步形成改进方案与改进措施。第二，为增税处理阶段。对于闲置人力资源成本的计量处理办法，仍按第一阶段的方法进行，但国家可以采用纳税的治理办法，即以闲置人力资源成本作为计税的基数，按一定比例计算税额，所缴税款作抵减企业利润留成数处理，以此促使企业解决闲置人力资源问题。第三，国家对企业实行工资总额控制阶段。即国家根据企业性质、生产经营特点确定各类人才的配比结构与数量，然后以此为据确定企业的工资总额，只许按工资总额与其相关的支出列入财务成本，其余部分与应征税额由企业自行处理。

（三）闲置物质资源成本控制

从宏观方面讲，物质资源的闲置是国民经济发展的沉重包袱；从微观方面讲，企业要在非闲置资源生产的有效产值中，为闲置资源承担日益增加的折旧费、利息等支出，自然也是企业的包袱。这些包袱越背越重，便迫使企业经济效益呈下降趋势。所以，将闲置物质资源成本作为单独计量、控制的对象，无疑可控制其发生、扩大，并督促企业解决这一问题。闲置物质资源成本主要由以下三项构成：

1. 闲置固定资产折旧费与养护费；

2. 闲置原材料应付利息与损失；

3. 超期库存产品（商品）所发生的损失、损耗和资金占压利息等。

根据我国企业生产、经营状况，对于闲置物质资源成本，在计量中依然作为维持简单再生产的一种补偿处理，定期计算财务成果时，直接抵减企业本期收入。但是，必须进行专项分析，揭示问题，并限期作出处理。逾期不作处理者，应视情节轻重，予以经济惩罚（不得列入任何成本），甚至给主要责任人以行政处分。

（四）自然资源超耗成本控制

对于自然资源超耗成本的专门控制具有深刻的社会意义，它既是实现由粗放经营向集约化经营转变的重要管理方法，也是控制自然资源消耗，提高资源利用效益的一项措施。从企业方面讲，通过专项控制可以使企业效益与社会效益统一问题得到解决。自然资源超耗成本计量范围在于：

1. 企业生产、经营过程中对自然资源的超定额消耗部分；

2. 自然资源在生产、运输、储存等环节所发生的超定额损失等。

从强化管理出发，督促企业尽可能降耗，并使自然资源超耗部分得到一定的补偿，对于这一专项成本在计量中可作如下处理：①以成本形式抵减企业本期收入；②按超耗数额缴纳资源税，超耗数量越大，税率越高，此项税务支出作抵减企业利润留成数额处理；③如造成自然资源方面的重大损失，应在征税之外处以罚款，其支出抵减利润留成之数，并予以责任人以严厉处分。

（五）生态环境成本控制

如前述及，保护生态环境是人类健康生活之必需，人类在生态环境方面的要求，与其在物质生活享受方面的要求并行不悖。正常进行的生产活动，应当使两者统一起来，满足消费者的双重要求。笔者认为，在粗放经营下，既排除了对自然资源供给的约束或限度的考虑，也排除了在维护生态环境方面的基本要求，而这一点既是集约化经营的基本要求，也是生态环境成本分流计量，控制的基本依据。生态环境成本的计量范围在于：

1. 由于"消耗失控"，造成生态环境恶化，而不得不追加的生态环境治理投入。

2. 因重大责任事故导致生态环境恶化所造成的损失，如农田、鱼塘与淡水污染、自然景观污染和居民区污染所发生的损失赔偿费、环境治理费用以及环保部门的各项罚款等。

3. 未通过可行性研究和未经过环保部门批准，擅自增加投建项目与设备，因此而造成生态环境恶化所发生的罚款与投建损失。

4. 治理生态环境过程中所发生的投入损失，如追求奢侈豪华等所造成的损失。

在计算经营成果时，除以生态环境成本抵减本期收入外，还应以此项成本为基数，乘以国家规定的环保税率，求计应缴的环保税额。这项支出应从企业利润留成中扣除。

如何实行成本分流控制是一个新问题，有不少问题尚有待深入展开研究，如各类成本的补偿问题、人才配比关系确定问题、各种自然资源消耗定额确定问题、分流之后各种成本报表编制格式与填报方法确定问题以及成本分析方面的问题等，都需要认真加以研究，在反复实践中逐步解决，以最终形成实行成本分流控制的制度与方法体系。

（写于 1991 年）

四、绿色成本控制初探

自 18 世纪 60 年代产业革命发生，到 20 世纪 30 年代进入新技术革命时期，乃至 70 年代高新技术与高新技术产业的迅速发展，在此两百多年间，人类在建设现代文明社会的同时，却早已面临一个十分严重的问题——生态环境日益恶化问题。经济之发展与环境之恶化犹如双面镜，一面显现出现代经济社会歌舞升平的繁荣景象，而另一面却"照出了人类文明的病态"[①]。然而，时至今日，人们依然在"灰色"与"绿色"[②] 通道的选择方面深陷于矛盾之中。一方面自 20 世纪 40 年代，人们开始认识到维护生态环境的重要性与迫切性，而另一方面也正是从 40 年代起，人们依然在快速发展经济、迅速增长经济权益思想的支配下，大量地消耗自然资源，并进一步造成了生态环境的恶化。

面对着大自然日益衰退的绿色，自 60 年代起学术界围绕走"绿色经济之路"，以实现绿色回归问题，创建了"浅绿色"（Light Green）与"深绿色"（Dark Green）[③] 理论。这两种理论都试图探讨解决生态环境问题，而以倡导"深绿色"理论的学者更为激进。他们主张从根本上改变现在的价值观念与生产消费模式，以彻底消除生态危机。此后，围绕寻找"绿色通道"创建"绿色经济"的议题，学术界开始举起"绿色革命"旗帜，高呼实现"绿色和平运动"的口号，并采取了许多具体行动，如组建了"绿色和平组织"，在一定范围内进行"绿色技术"革新，在部分食品和日用品生产方面确定评定"绿色产品"的标准等。同时，不少国家颁布了环境法，并把"绿色计划"纳入了国民经济计划。自 70 年代以来，由联合国主持，在世界各国政府领导人、生态学家、社会学家、法学家以及科学家参与下，召开了一系列国际会议，发布了一系列的"环境宣言"，制定了一系列保护生态环境的法律文件。如此等等，确实造成了

---

① 冯昭奎：《新工业文明》，第三章，中信出版社 1990 年版。
② "灰色"指造成生态环境污染之经济；"绿色"则是指防止生态环境污染之经济。
③ 赵红州：《人与自然生态共荣》，载《新华文摘》1997 年第 1 期。

世界各阶层人士都来关注生态环境问题的气势，形成了各行业一起动手来解决生态环境的行为，并在不少方面取得了显著成效。然而，从总的方面考察，人们在一定程度上既忽视了世界性环保和一国之环保务虚与务实的一体化行为的一致性，也忽视了在生态环境治理方面宏观控制必须牢牢植根于微观控制基础之上这一实质性问题。说到底，人类在治理生态环境的战略与战术统一方面还存在一定矛盾，尚未全方位地、具体地在开辟"绿色通道"方面进行切实的探索，并在实现地球的绿色回归中充分发挥经济管理与会计控制工作的重要作用。

受"绿色经济"运动的直接影响，在 70 年代初产生了"环境审计"[1]，80 年代末产生了"绿色会计理论"（Green Accounting Theory）[2]。这一理论开始从较为具体的方面把生态环境和产品生产、资源耗费的计量与管理结合起来研究。其中在涉及绿色会计核算基本原理时，其构想进一步具体化，并具有一定的实践意义。1995 年 3 月在日内瓦召开的联合国国际会计和报告标准政府间专家工作组第十三届会议，也就"环境会计"这一专题展开研究，在绿色会计计量与管理问题探讨方面又有一定进展。可见，世界会计学界已把解决"绿色经济"控制问题的重点放在具体核算与管理的研究方面。真正解决宏观"绿色经济"控制问题，首先必须立足于解决微观"绿色会计"计量与控制问题，而从发展市场经济与维护生态环境关系方面讲，要解决"绿色会计"中的反映与控制问题，其立足点又应当放在解决"绿色成本"计量与控制方面。

（一）"绿色成本"是发展"绿色经济"的"绿色通道"

笔者把"绿色成本"看作解决生态环境问题，实现"绿色经济"发展的一条"绿色通道"，并认为它是建立"绿色会计"理论体系与方法体系的核心内容，以此确定它在"绿色会计"中的地位与作用。

众所周知，人类在地球上进行开发建设、征服大自然的活动已经持续了两百万年之久，并在太阳系里这颗唯一有人类存在的行星中创造了现代文明。如前所述，人类创造现代文明的辉煌成就集中体现在近两百多年间，人类在进行的生产经营活动中严重危及生态环境，也集中体现在这两百多年间。在两个多

---

[1] 德萨特斯·L. 丹尼斯：《环境审计——九十年代的挑战》，载《审计研究》1993 年第 3 期。
[2] 葛家澍、李若山：《九十年代西方会计理论的一个新思潮——绿色会计理论》，载《会计研究》1992 年第 5 期。

世纪中，人们在发展市场经济中"一味追求增长的逻辑"①，以牺牲大自然为代价，在市场经济拼搏中追逐个别的"超额利润"，从而走上了一条高消耗、高产值、低效率、虚成本、虚效益的"黑色工业化道路"②。走在这条黑色之路上的千百万家公司，在生产经营中一直进行着一种"先污染，后治理"（或不治理）与"实污染，虚治理"的恶性循环。在此情况下，无论是公司还是社会，其成本均处于失控状态，个别公司所产生的盈利，通常都是以社会性亏损为代价的，其间隐藏着经济的增长与生态环境遭受损害这一对抗性关系。

同时，在人力资源、自然资源消耗与生态环境之间也存在着一种恶性循环关系，一方面是人口失控所造成的环境危机；另一方面则是由于能源、资源的无限制消耗所导致的环境危机，而生态环境危机又最终危及人类的生存与发展。值得注意的是，这一恶性循环正是在企业经济运行过程中产生的，这是因为：一则，"人口问题说到底是经济问题"③，在"人口变量与经济变量之间存在着极为复杂的多元性的相互依存关系"④，它一方面直接影响着公司的生产经营成本与经济效益；另一方面又影响着社会成本与社会效益，并在两者之间造成相互影响。尤其是人口的膨胀与整体素质下降将直接"给劳动生产率乃至经济增长带来负效应"⑤。二则，自进入工业社会以来，人类以能源、资源的开发和利用作为发展经济的"火车头"，经济的成倍增长通常以自然资源的成倍消耗为代价，尤其是在进入 20 世纪后，世界性的能源、资源大战所造成的自然资源的无限制消耗与惊人的损失浪费，已形成千里洪流，这种因消耗失控而造就的"浪费型文明"⑥，转而又使社会经济的运行产生一种慢性的、顽固的失调之症。由于消耗失控，既造成经济增长的极限，使经济发展的前景处于黯淡之中；其造成的生态环境的污染，使人类生存、发展的前途处于黯淡之中。三则，经济的发展对生态环境的影响，既发生于它的起始阶段，又与经济的运行过程及其结果密切相关。起始阶段具体表现为原材料、燃料以及辅助材料等的投入，在取之无度、用之无节时便会导致生态环境的破坏、自然资源的损失，而在产出过程中又伴随着废物、废水、废气的排放，如处理不当、控制不力，便会再次造成对生态环境的破坏。加之在一个生产周期结束阶段，如果形成过量废品损失，

---

① 奥尔利欧·佩奇：《世界的未来——关于未来问题一百页》，第一部分，中国对外翻译出版公司 1985 年版。
② 赵红州：《人与自然生态共荣》，载《新华文摘》1997 年第 1 期。
③ 田雪原：《谋求人口与经济的良性循环》，载《人民日报》1991 年 7 月 24 日。
④⑤ 大渊宽、森冈仁：《经济人口学》，第三章，北京经济学院出版社 1989 年版。
⑥ 冯昭奎：《新工业文明》，第三章，中信出版社 1990 年版。

以及由于产品滞销所造成的大量积压，也会导致社会资源的浪费与生态环境的污染。

这种由于受"一双看不见的手"所操纵着的微观经济，最终在宏观方面所造成的恶果，专家们将其列为一个"巨大的不等式"，即"一方面人类向自然索取（包括一切采掘、收集、加工和分配活动），都是通过私人所有制的'等价交换'进行的；另一方面，返回大自然的工业和生活废弃物，并且重新进入公共的大自然资源时，却是非等价的，无代价的……前者是市场经济行为，后者是非市场经济行为。"① 也正是由于这个"巨大的不等式"的存在，两百多年来，在会计与统计核算方面，产生了一种形式上正确、公正，而实际上不正确、不公正的核算。其表现具体反映在以下三方面：

1. 在国民生产总值（GNP）统计方面，其所表现的经济增长只是一个笼统的概念，它仅根据商品与国民收入来衡量这种增长，却忽视了自然资源消耗与污染物的破坏方面，这在经济平衡表上根本就没有反映出来②，从具体计量要素纳入方面讲，GNP 通常是"未计入'负数'或'负产值'，或甚至把'负产值'算成为'正产值'"③。显而易见，这种情形已在国家宏观经济测试中造成了很大的误差，它最终必然会影响到对国民经济作出正确的估价与决策。

2. 在以往的会计制度与规范模式建立中，以及在具体进行核算时，也排斥了"环境资产"（或称"社会特定资产"，诸如空气、水、土地、野生动物与原始山林等）这一要素，未将其纳入会计核算系统之中。传统会计核算中的这一局限性表明，会计领导者和会计人员尚未在生态环境保护方面切实展开研究与承担起社会责任。

3. 即使在实行制造成本制度的情况下，传统的产品成本核算也依然处于虚而不实的状态，因为它不仅未考虑"环境成本"的计入问题，而且事实上反倒把这一负担转嫁给社会。企业成本的降低却意味着社会所负担成本的增加。因此，表面上看起来有一部分企业是盈利的，而如从企业经济效益与社会经济效益统一的角度来考察，实际上这些企业又是亏损的。尤其是那些既大量消耗了社会资源，造成了生态环境的污染，而又不断发生亏损的企业，便完全成为社会的负担。从较长的时间来看，它们不仅使自身陷于困境中，而且又严重地影

---

① 赵红州：《人与自然生态共荣》，载《新华文摘》1997 年第 1 期。
② 克里斯汀·雷帕特：《经济增长的社会代价》，载《经济译丛》1987 年第 3 期。
③ 冯昭奎：《新工业文明》，第三章，中信出版社 1990 年版。

响到整个社会。

上述可见，探寻实现经济绿色化的"绿色通道"，要解决的问题集中在以下几方面：一要严格控制生产经营投入；二要严格控制产出中的废物排放；三要解决"自然资产"的估价与投入计量问题；而最终的落脚点在于切实解决企业经济效益与社会经济效益的统一问题。为了进行上述工作，政府须为企业创造一些必备的条件，如立法建制，在各部门与企业间进行协调，以及组织各方面的专家协同研究对"自然资产"的估价和耗费标准的确定与计量问题等。而企业工作中的一个重点则在于实行成本改革，强化制造成本控制，以及具体调整现行成本的构成要素。如果从保证自然资源合理利用与从保护生态环境出发，以企业经济效益与社会经济效益的一致性作为实现经济绿色化的根本性标准，那么成本改革与制造成本的净化过程，便体现为"绿色成本"的建立过程，实现"绿色成本"控制也便成为实现"绿色经济"发展的一条"绿色通道"。

（二）"绿色成本"的基本概念与含义

成本作为一定费用集合的载体，只是一个一般性的概念，就它所涉及的对象而言，成本又是一个含义既深且广的综合性概念。根据经济管理的要求，按其性态与作用可划分为若干个指定性成本类别。笔者试图建立的"绿色成本"是与以往制造成本或生产成本相关的一个概念，或者说，它正是在制造成本的基础上加以改革而建立的概念。笔者认为，以马克思对于成本认识中的耗费与补偿的辩证统一观为依据，在"绿色成本"概念建立之前的生产成本概念可作如下表述：产品成本是必要的活劳动与物化劳动消耗的集合体，是创造产品价值的基础。这一概念所揭示成本问题的关键性含义在于：指出了活劳动与物化劳动消耗的必要性，这一点既显示了成本的本质性特征，又确定了成本构成的重要原则。对于必要消耗的正确而全面的认识，必须从社会与企业关联关系方面加以考察：

1. 产品生产的合法性。一是指在有关法规所允许的范围内组织生产经营；二是经过政府有关部门批准后应遵照法规进行的生产经营活动；三是在产品生产过程中应遵照环境保护法与其他相关法规进行。

2. 产品生产的适应性。一是所生产的产品是社会所必需的，并且是有益无害的；二是生产的产品应适应社会发展与消费变化的要求；三是所生产的产品应事前就考虑到进入消费领域后符合生态环境保护的要求；最后是生产不同产品应选择不同的地点，以利于采取环境保护措施。此外，在产品生产方面，国家应注意宏观调控，以防止超量或重复生产。

3. 产品生产消耗的合理性。一是产品设计环节的合理性，如生产冰箱须考虑臭氧层的保护问题；二是生产中人力与自然资源投入的合理性；三是产品生产要瞻前顾后，生产创新与产品更新换代要制度化，在创新与消耗之间建立合理性的关系，既体现在节能降耗方面，又体现在材料更新换代与资源代用方面；最后是通过周密计划，合理运作，科学处理降低成本与提高质量的关系。

4. 产品生产消耗降低的科学性。实现经济绿色化并非"深绿色"理论的倡导者所主张的"一切物种绝对平均"，要使社会生产回到原始公社制时代的"纯自然"[1] 中去，而应从积极的方面去解决大自然的绿色回归问题。如在成本控制方面应创造条件实行"及时制"（Just in Time）[2]，以控制产品生产投入为中心，以及时实现产品销售为落脚点，把成本控制与实现产、供、销一体化管理结合在一起，如实行作业成本管理等。

5. 在产品生产中解决控制投入与控制污染物排放的统一性问题。生产消耗与排放存在着对立统一关系，一方面做到节能降耗便可减少废物排放量；另一方面控制废物排放量又可降低成本。同时，如采取措施还可以从排出废物中回收部分资源，既降耗又减少污染。

6. 在产品生产中增加环保投入的必要性。无论从解决前文所讲"巨大不等式"，全面实现"等价交换"出发，还是从履行社会责任出发，都应充分考虑到环保投入问题。对此，一方面应根据生产投入所消耗的自然资源相应进行支出补偿，并将这部分支出列入成本；另一方面又应根据生产中废物排放情况，如数缴纳保护性支出费用，这项支出应作成本处理。这种增加投入的必要性与以上减少生产消耗投入的必然性，都是建立和实行"绿色成本"控制制度的重要内容。

以上六个方面都是包含于成本之中的绿色内容，是确立"绿色成本"概念的重要因素。六个方面所体现出来的总精神又可概括为两方面：其一，通过立法建制与采用科学的管理、核算方法，以及进一步强化对成本的控制，最终实现对"绿色成本"构成中的人力资源投入、自然资源投入以及对生产废物排放

---

① 赵红州：《人与自然生态共荣》，载《新华文摘》1997 年第 1 期。
② 李宏健：《现代管理会计》，第二十二章，台湾三民书局 1994 年版。

的控制；其二，企业是实现"绿色成本"控制的内因，在维护生态环境方面它承担着重大的社会责任。政府的工作侧重于宏观方面，大而言之，它通过立法与进行宏观调控统一全社会的行动；小而言之，它可组织确定资源消耗标准和确定"环境资产"价值，以及在组织建立"绿色会计准则"方面发挥作用。而企业的工作则在微观方面，其工作的重点在于具体进行"绿色成本"控制。根据上述精神，可将"绿色成本"的基本概念作出如下表述：

绿色成本是以维护生态环境为目标，充分考虑产品生产前后对生态环境所产生的影响，按照所测定的人力资源、自然资源消耗标准，对产品投入进行计量与控制，并列计所必需的资源消耗与环境治理补偿性费用，使其成为必要消耗与必要补偿组合而成的产品价值的载体。

（三）实现"绿色成本"计量与控制的基本设想

生态环境问题是人类所共同面对的一个极为错综复杂的系统工程，治理它已经形成的病症，并最终实现在"绿色经济"发展中的大自然回归，不仅需要世界各国的一致行动，而且必须经过几代人的努力。而"绿色成本"问题，也是一个极其复杂的问题，它不仅涉及企业管理中的最深层次，也涉及社会的各个方面，因此以下述及"绿色成本"计量与控制的一些具体问题，尚处于设想阶段，有待进一步研究。

笔者曾经在《集约化经营下的会计控制》一文中指出："在产品质量、数量、花色品种、成本以及经济效益这个统一体中，经济效益是目标，质量控制是基础，增加品种、数量是手段，而强化成本控制则是处于中心地位的关键环节。"也正是从走集约化生产经营道路与保护自然资源、生态环境相结合的研究方位出发，作者在 1991 年 7 月提出了对成本进行分流控制的问题，并指出实行成本分流计量与控制是现行成本会计改革中的一个可供选择的方案。本文重申实行成本分流控制的可行性，并确定以"绿色成本"作为成本分流控制中的核心，即这种分流是在确定"绿色成本"客观经济内涵的基础上进行的，首先确定"绿色成本"的控制范围，然后，在此基础上将其各项成本从中分流出去，最终体现"绿色成本"计量与控制的意义。

"绿色成本"的构成内容包括三个基本方面，现分别加以研究。

1. 活劳动的必要消耗部分。必要性是体现成本的经济本质与确定"绿色成本"的基本准则。遵照这一准则，首先便须把"闲置人力资源"从"绿色成本"中分流出去，作为独立的"闲置人力资源成本"加以计量与控制。闲置人力资源分流出去后，"绿色成本"中的人力资源计量与控制程序可划分为：（1）根据生产的实际需要合理确定人力资源的配比关系与各类人才的配比数量，实现优化劳动与优化管理组合；（2）明确各生产环节及其个人的岗位责任，并合理确定衡量岗位责任履行情况的基本指标；（3）根据所确定的人力资源的配比数量，计算进入某一产品成本的工薪数额；（4）统一进行人力资源协调，实现人才的正常交流，并整顿劳动纪律，以充分发挥人力资源总体性功能作用。

由中国人口众多这一国情所决定，国家至今依然大体上采取低工资、高就业政策，这也就造成了与"劳动力集约型"生产相背离。人力资源大量闲置与浪费，也使国有企业背上了沉重包袱。同时，人才错位与断层现象严重，整体素质下降，难以实现优化组合，这样又造成了国有企业在生产经营与管理方面的颓势。目前要解决冗员分流问题，不仅需要一个相当长的运作过程，而且尚须动员全社会的力量，在下一步经济改革中统一行动，实现再就业工程。

2. 物化劳动的必要消耗部分。事实上，在那些经济发达的国家不仅存在着自然资源投入的浪费问题，而且严重地存在着对第三世界国家资源与环境的掠夺，自然，在其成本计量与控制中也严重存在着与绿色原则相背离的问题，这是问题的一方面。另一方面，在粗放经营情况下，一则固定资产利用率低，折旧率低，且更新周期过长；二则固定资产闲置现象严重，其损失、浪费惊人；三则不仅原材料与产品库存超期积压现象严重，而且在产品进入流通领域之后，闲置、削价处理、报废现象亦十分严重；四则由于重复性建设生产现象严重，与市场经济中的供求机制相背离，也造成了社会性损失。在我国，早在1991年国有企业的1.6万亿元资产中，其闲置部分便已达到2000亿元左右[1]。而且在国有企业之间也难以实现资产互补和资源的管理与最佳配给。此外，国有企业的中间产品过多，而最终产品则少，从而"造成物化劳动占工业生产成本的比例，大大高于发达国家。"[2] 所以，遵照必要性原则与实现"绿色经济"的要求，无论在经济发达国家，还是在第三世界国家，都有必要从"绿色成本"中将闲置物质资源成本与自然资源超耗成本分离出来，并单独加以计量与控制。在"闲置物质资源成本"分流之后，"绿色成本"所包括的物化劳动投入：一是

① 阮恩光：《实现转变的几大障碍》，载《人民日报》1991年4月17日。
② 柳随年：《集约经营——我国工业现代化的必由之路》，载《人民日报》1996年10月12日。

必需的固定资产折旧费；二是必需的科研、技改与新产品试制费；三是实行原材料、燃料、辅助材料的按需计划定购与按需定额配给，按正常必要消耗计入成本；四是合理确定水、电的配给定额，核定消耗计入成本。

3. 正常自然资源消耗补偿费与环境维护及补偿费。这两种列入"绿色成本"的费用，前者用于维护自然资源，作为价值的补偿，并用于资源再造或用于开发新的资源、能源。此项支出由政府以税、费方式征纳，企业则如数将其计入某一产品成本，作为"绿色成本"的重要构成之一。而后者则是基于对生产活动与生态效应关系的正确处理，考虑到"生态环境对生产排泄物的容纳、吸收或分解的阈限"[①]，并作为履行保护生态环境责任所进行的一种补偿。这种符合"生态原则"的正常支出应计入"绿色成本"，政府亦可以税、费方式征纳。然而，下列情况所发生的支出应从"绿色成本"中分流出去：（1）由于违反资源开发利用政策法规，造成生态环境恶化而发生的投入与罚款；（2）由于重大责任事故所造成的环境损失而追加的投入与罚款；（3）未通过可行性研究与未经环保部门批准便投资建设而发生的罚款等。这部分支出应另外列入"生态环境成本"。

这样，除从制造成本脱胎而来的"绿色成本"外，又分流出闲置人力资源成本、闲置物质资源成本、自然资源超耗成本、生态环境成本，形成了以"绿色成本"为主体的成本控制体系。除"绿色成本"外，在计量与控制中，可对分流出来的成本分别作出不同处理：

1. 闲置人力资源成本的计量与控制。其计量范围主要包括：（1）生产经营合理配置以外的人力资源所发生的相关费用；（2）人力资源的非正常损失，如因管理不善所造成的重大工伤事故损失；（3）违反计划生育规定罚款等。对于这部分成本的计量与控制，在现阶段应视各国国情而定，或暂作抵减本期收入处理（但应作出改进设想，制订改进方案，并采取适当措施逐步分流闲置人力资源）；或在时机成熟时，以人力资源闲置成本作为计税基数，按一定比例计算征税，其税额作为抵减企业留成收益处理等。

2. 闲置物质资源成本的计量与控制。其计量范围主要包括：（1）闲置固定资产折旧费与保管费、养护费；（2）闲置原材料应付利息与损失；（3）超期产品库存所发生的损失、损耗，以及被占压资金的应付利息等。就我国情况而言，

---

① 李晓帆：《建立新时代的资源经济观》，载《现代化》1990 年第 9 期。

目前在计量中依然作为简单再生产的一种补偿处理，其发生数额直接抵减当期收入。但从长远来看，还应当改进处理方式方法，一是应要求企业认真揭示问题，进行专项分析；二是应要求企业限期作出处理，逾期不作处理者除按一定比例进行经济惩罚外，还应对责任人进行行政处分，此外，对闲置固定资产等可作强行调拨处理。

3. 自然资源超耗成本的计量与控制。其计量范围包括：（1）生产中超出定额所发生的消耗部分；（2）在生产、运输、储存过程中所发生的超定额损失等。从强化管理，督促企业节能降耗出发，在计量中可作如下处理：一是以成本形式抵减本期收入；二是按照超耗数额课征资源税；三是在造成重大损失的情况下，除加倍征税外，还应对责任人处以罚款，并予以行政处分，极其严重时，主要责任人甚至要承担刑事责任；四是在生产中如有意破坏自然资源，如毁坏土地、盗伐森林、破坏水质与水产资源，以及破坏矿产资源等，须遵照《刑法》有关条款进行制裁。

4. 生态环境成本的计量与控制。对于这类成本的计量与处理，除应如数抵减本期收入外，还应以发生额为基数，按国家规定的环保税率，视情节轻重计征或加征环保税，其支出从企业所留收益中扣除。

总而言之，从生态环境的长治久安出发，应从成本会计改革着手，不断提高成本控制水平。在成本核算中应将现行制造成本控制在"绿色成本"范围之内，尽可能减少其他成本的发生额。在千百万公司的生产经营中，如能真正达到"绿色成本"的控制水平，便可有效改善生态环境状况，使企业在"绿色经济"领域内，实现更快的发展，并最终在实现产品质量效益、品种效益、资源开发利用效益，以及生态环境效益一致性的基础上，保证企业经济效益与社会经济效益的一致性。

（写于 1997 年）

五、集约化经营下的会计控制问题

有关经济效益的问题一直是马克思主义经典作家研究的重要问题之一，如马克思关于控制劳动时间与社会再生产的论述，恩格斯关于生产费用与效益关系的论述，列宁关于建立经济核算制的论述，以及毛泽东关于"力求节省"的论述等，这些对于解决经济效益问题均具有指导性意义。同时，解决经济效益方面的问题也一直是社会主义国家十分关注的一个问题，苏联从 20 世纪 20 年代起开始展开研究，60 年代曾经出现过研究高潮。1974 年 11 月，苏联与东欧八国还在莫斯科围绕提高社会主义生产效益问题召开了专门会议。我国对于经济效益问题的研究起源于 50 年代，到 60 年代初，学术界针对"大跃进"时期暴露出来的只计产出、不计投入的问题展开论述，自此，我国企业在生产、经营中对社会主义经济效益问题有了初步认识。然而，由于对社会主义经济运行缺乏深入的认识与研究，在 80 年代以前，无论是中国，还是其他社会主义国家，都未能较好地解决这方面的问题。

党的十一届三中全会以来，我国的情况有了明显变化。在此期间，不仅把有关经济效益的问题写进宪法，而且明确提出把全部经济工作转到以提高经济效益为中心的轨道上来。在近期宣布的"八五计划纲要"中，再次强调"要始终把提高经济效益作为全部经济工作中心"。因此，十年来，在我国的经济发展中，在提高经济效益方面已有了一个良好的开端。当然，正如中央领导人所指出的：应当看到经济效益不高的问题依然是我国经济发展中的"老大难"问题[1]。"经济效益低下的主要矛盾还没有从根本上解决。"[2] "经济效益差的状况还没有根本扭转……效益差是我国经济生产中诸多困难的症结所在。"[3] 因而，提高经济效益依然是今后我国经济建设和经济理论研究中所面临的重大课题，

---

[1] 颜建军：《要采取措施使国营企业提高经济效益》，载《人民日报》1991 年 3 月 8 日。
[2] 李年贵、王清宪：《经济工作要转到提高效益轨道》，载《人民日报》1991 年 3 月 24 日。
[3] 李鹏：《关于国民经济和社会发展十年规划和第八个五年计划纲要的报告》，载《人民日报》1991 年 4 月 11 日。

是一个必须行之有效加以解决、不容继续延误的重大问题。

围绕如何提高经济效益问题的研究，1990 年 7 月中国工经协会与《人民日报》编辑部举行了题为《实现工业从粗放到集约经营的转变》的讨论，在 1991年七届人民代表大会第四次会议上，李鹏总理在报告中明确指出：粗放经营是没有出路的，必须走集约化经营的道路。为解决经济效益方面的问题，国务院还提出 1991 年在全国范围内开展"质量、品种、效益年"活动。目前，全国都在探讨由粗放经营向集约化经营的转变问题，都在研究质量、品种与效益方面的问题，本文以《集约化经营下的会计控制问题》为题来参加这一问题的讨论，并以此就教于经济学界的专家、学者。

（一）实现我国经济由粗放经营向集约化经营转变中的关键性问题

集约化经营这一概念原仅用于农业，表述采用新技术、进行精耕细作的农业经营方式，与其相对应的是农业的粗放经营方式。集约经营的内涵集中体现在科技革新与强化管理这两个基本方面，其目的在于提高经济效益，将这一概念引申到工业与整个经济发展方面，不仅恰如其分，而且是一种新的发展。要实现我国经济由粗放经营向集约经营转变，其关键在于：

1. 提高企业科技素质，增强企业科技开发应用与控制能力。通过综合利用科技信息、市场信息与会计信息，把科学研究与技术开发结合在一起，解决好产品更新换代问题，确立名、优与新产品在国内外市场上的地位。由此实现企业的经营工作在劳动生产率和质量、品种方面的转变。

2. 提高企业管理素质，强化对企业经营活动的全面控制。通过对投入产出过程中的数量、质量、花色品种和成本的控制，把科技开发成果落实到提高经济效益方面。由此实现在经济效益方面的根本转变。

在现代化社会中，科技控制与经济控制工作如同社会经济运行的两大车轮，它们在推动社会经济发展中具有同等重要作用。在集约化经营中，无论国家还是企业都必须把这两个方面摆平，既要重视科技投入，也要注意管理投入，使两者的作用始终处于协调状态，充分发挥其一体化功能。只有科技控制与经济控制相辅而行到位，最终方能实现经济效益的最佳结果。两者之中任何一个方面失重，便会导致集约经营方式的扭曲，从而不可避免在经济效益方面造成损失。

但必须注意，集约化经营对产品的数量、质量、品种与效益的要求，都严格地存在着量的规定性，它要求对整个经济活动过程的反映必须建立在精确计量的基础上，而这种计量只有通过科学的会计信息系统才可能完成。同时，集约化经营对产品产出的若干方面的要求又严格地存在着质的规定性，即以会计信息、市场信息与科技信息为依据，通过反映与控制，使产品产出的若干方面都达到质的要求，而这种质的要求又最终由一个基本的量表现出来，这个基本的量便是经济效益。集约经营的质量规定性的实现，便集中体现了由粗放经营向集约经营的转变，而实现这一转变的一项关键性工作便是现代经济控制工程中起基础作用的部分——现代会计控制。

实现由粗放经营向集约经营转变的过程，也是逐步强化、完善会计控制工作的过程。会计控制能力越强，控制功能作用发挥越充分，企业集约化经营程度便越高，实现转变的速度也便会随之加快。可见，会计控制的作用力始终与集约化经营的发展方向保持一致，它在集约经营过程中发挥着关键性作用。具体讲，会计控制的这一关键性作用体现在以下四个方面：

1. 在产品质量控制中的关键性作用

在粗放经营下，管理者的质量意识差，在质量管理方面也处于粗放状态，因而产品质量问题无法真正得到解决。而强化质量控制，提高产品质量，追求质量效益，却是集约经营的要求之一。会计控制对产品质量的作用是直接的，一方面，它通过强化各项投入控制，把握投入方向与投入质量，优化成本构成的各个要素，实现各项消耗的合理转化与补偿，使产品的质量既符合技术要求，又符合市场供需要求，以尽可能缩小产品生产成本与使用成本之间的差距；另一方面，它又通过强化产出控制，在产品成本、数量、品种、价格和经营成果确定之间寻求最佳质量点，把国家、企业的经济效益与用户的消费效益统一起来。总之，有效的质量控制是提高经济效益的基础工作，而会计控制是保证产品质量，实现经济效益的关键性工作。事实表明，会计工作失控是造成产品质量失控的重要原因。

2. 在产品品种与数量控制中的关键性作用

现代会计以市场预测作为工作的起点，通过对市场信息的测试与分析，参与企业的投资、投产与产品更新换代决策；在企业生产规划阶段，它又以市场信息为依据，参与确定产品生产数量、品种与规格，使生产达到"符合社会需求"；在产出阶段，它以成本为依据，参与定价工作，保证产品既适销对路，又易于为消费者所接受。会计工作通过完成对这一过程的控制，一方面可以促使产品的生产在先进性、有效性、适用性、可接受性，以及竞争优势方面取得一致；另一方面，又可以防止产品错位，杜绝浪费于事前，控制废品损失于事中，避免积压、变质损失于事后。

3. 在成本控制中的关键性作用

在粗放经营状态下，在成本计量和管理方面的随意性与放纵性现象相当严重，一是人为地造成成本波动，出现所谓"厂长成本"或"局长成本"，使成本控制工作因丧失客观性、法制性和真实性而失去意义；二是在成本构成约束方面的放纵现象严重，不讲预算控制，不执行标准成本制度，也不严格执行各项定额，使成本成为窝藏各类弊病的场所，最终造成成本恶性膨胀；三是把降低成本与提高质量对立起来，通常是采用通过降低投入数量与投入质量的手法达到降低成本的目的，从而严重地损害了产品的质量。这些情况最终都必然影响到经济效益，或造成经济效益计量虚而不实，或直接造成经济效益下降，甚至更严重的损失，或严重损害消费者利益，影响到企业信誉，最终使企业在经济效益方面遭受损失。在集约化经营下，成本控制成为全面会计控制中的核心工作，它可以有效地防止上述现象的发生，使成本控制成为提高经济效益的保证。

4. 在提高经济效益中的关键性作用

以上所讲产品的质量、品种、数量和成本，都是直接涉及经济效益的关键性要素，而会计控制作用于每一个方面，均以提高经济效益为落脚点，并最终在实现经济效益方面发挥关键性作用。不仅如此，会计控制还作用于销售、储运以及商品经营的其他环节，从而在企业生产经营活动过程中形成超循环控制，达到系统解决经济效益方面问题的目的。

总而言之，集约化经营的目标在于提高经济效益，而提高经济效益又存在一个整体性与公益性问题。整体性与公益性所要求的经济效益是全面经济效益，是社会经济效益与企业经济效益的统一。它既体现社会需求在数量、花色品种、质量以及合理价格等方面的满足，又体现企业通过产品更新换代，增加花色品种，提高产品质量以及合理降低成本等途径提高经济效益，使企业增加收入，使国家增加财政收入，并使社会各方面的需要得到满足。然而，集约化经营这一目标的实现，又必须以我国企业的会计工作转变为前提条件。如果不能实现这一转变，集约化经营所预期的经济效益目标也便难以实现。

（二）成本分流控制——集约化经营下会计控制的关键性问题

在产品的质量、数量、品种、成本以及经济效益这个统一体中，经济效益是目标，质量控制是基础，增加品种、数量是手段，而强化成本控制则是处于中心地位的关键环节。在粗放经营时代，我国工业发展所经历的道路，基本上是扩大外延生产的道路。作为维持简单再生产补偿尺度的成本，在高投入、高产出、高消耗的生产经营格局支配下，事实上已造成了社会与企业无法补偿的损失。尤其是完全排除了自然资源消耗约束的成本控制，已经失去了它内涵中"必要消耗"所固有的意义，显然，这种成本控制机制，一直处在不完善状态，它的功能作用受到了限制，它的控制也通常处于非系统状态。尽管它在形式上确立了"财务成本"的一统天下，然而，它所包容的成分却相当庞杂，已远远超出了财务成本的范围，成为一个易于藏污纳垢汇合各类消耗的集合体。所以，在由粗放经营向集约经营转变的初始阶段，企业会计中，首当其冲要改革的对象便是成本会计。面对当今大科学、高技术与大经济发展的形势，适应集约化经营的要求，针对以往成本控制工作中所存在的问题，笔者认为，逐步创造条件，实行成本的分流计量与控制是进行成本会计改革的一个可供选择的方案。

正如一位经济学家所指出的，"在生产要素低质态的制约下，我国的经济发展模式从速度型向效益型转换，将是一个长期的渐进的历史过程。……在增长方式上，则是集约型和粗放型交叉在一起，相辅相成，相互补充。但总趋势是，在扩大再生产过程中，集约型不断得到强化，粗放型逐步有所减弱；在对经济增长的贡献上，效益型所占份额逐步有所提高，投入增长所占份额逐步有所下降。"[①] 自然，这个历史时期我国会计控制工作的转化也将经历一个渐进的改善与强化过程。"经济效益"原本就是一个综合性概念，它是产品质量效益、品种效益、资源利用效益、生态环境效益以及经营管理效益的集中体现，是企业经济效益与社会经济效益的统一体。集约化经营所要求实现的经济效益便包括了上述几个方面，可以讲，它所确定的效益目标，是一种全面经济效益目标。正是由于这一目标的确立决定了现代会计控制工作必须向全面控制方面转换。就

---

① 张永惠：《经济效益问题探析》，载《中国社会科学院研究生院学报》1990 年第 6 期。

我国现阶段所采用的几种主要集约经营方式而言，无论是技术集约型还是资金集约型、能源集约型和原材料集约型，也都要求当今中国的会计工作必须向全面控制阶段转换。笔者希望现代会计控制在集约化经营中的关键性作用，不仅被我国会计学界人士所认识，而且为各级领导所认识。

（写于 1991 年）

六、论全球性会计制度变革

特别按语

这篇非环境会计类的文章，于2013年刊登于《中国社会科学》第6期，当时写作目的在于指明，在经济全球化背景下，在进行全球性会计制度变革过程中，不宜在研究会计准则问题时，再讲"趋同""等效"，而只能讲"国际会计准则协调"，这不仅仅是个研究观点问题，而且已经涉及会计研究的立场问题。

应当认识到，对国际会计准则研究仅仅是涉及不同国家会计制度相互研究借鉴的学术问题，学习以美国为首的西方国家会计界会计准则这种统一会计制度的创新成就是十分必要的，尤其是在现代会计理论研究中，如何以先进财务与会计理论指导现代资本市场与现代企业财务及会计改革实践，具有重要现实意义。但必须注意，这种研究不涉及两个不同产权主体国家之间的权益问题，既不存在国与国之间会计制度的趋同，也不存在它们之间利益"共享"与"等效"的问题。此次长达一年多之久的由美国发起的中美贸易战便充分说明了这一问题。为此，中国会计学界必须一致明确，从今往后，无论写文章、讲课，还是做报告，不能再讲"趋同"与"等效"，这是在本书重刊《会计制度全球性变革研究》一文加"特别按语"的原因。

自20世纪90年代以来，"经济全球化"被会计学界认同为支配全球性会计变革的第一环境要素，由此形成了"全球会计"（Global Accounting）的理念。全球性会计制度变革的正式酝酿，旨在建立全球性的通用会计准则。在致力于建立全球性通用会计准则的国际组织中，当数"国际会计准则委员会"（International Accounting Standards Committee，IASC①）影响较大。它以"改进和协调"

---

① 该组织于1973年由澳大利亚、加拿大等9个国家的16个会计职业团体发起成立，是会计职业界的国际组织。它的主要目标是实施业界会计的"可比性和改进计划"，并制定一批"核心准则"，以在全球资本市场上使用。

为工作目标，[1](P11)对于在世界范围内制订和推行国际会计准则作出了一定的历史贡献。2001 年 4 月，国际会计准则委员会正式改组，设立"国际会计准则理事会"（International Accounting Standards Board，IASB）取代其地位。自此，国际会计准则理事会成为由国际会计准则委员会基金会受托人任命与管理的独立民间机构。国际会计准则理事会一开始便以全球性会计制度变革的引领者自居，它一改国际会计准则委员会的工作目标，把原来以协调（harmonization）为主旨的精神，改变为以"趋同"（convergence）为主旨的精神，强调其具体目标是"为了公众的利益，制订一套高质量的、可理解的并具有强制性（enforceable）的全球性会计准则①"。[1](P10)可见，当今"强制性趋同"已成为国际会计准则理事会推行全球性会计制度变革的根本指导思想和基本方针。

显然，国际会计准则理事会的行为关系到全球经济公平、公正与健康发展这个重大问题。这一问题的重大与复杂程度，似堪可与全球性的重大政治、军事问题相提并论。故本文以"全球性会计制度变革探究"为题，所设定的研究目标，不仅涉及会计学的一般性认识问题，更涉及全球性会计制度变革中的一些重大原则性问题。下文第一部分为对经济全球化与全球性会计制度变革的理论解析；第二部分讨论全球性会计制度的变革问题；第三部分探讨全球性会计制度变革应遵循的基本方针。

（一）经济全球化与全球性会计制度变革的理论解析

1. 马克思对经济全球化本质的揭示

经济全球化是一个错综复杂的问题，对经济全球化本质的认识可谓仁者见仁、智者见智。本文认为，依据马克思主义政治经济学，经济全球化具有不可分割的生产力和生产关系的双重属性，随着包括生产、分配、交换与消费关系在内的社会再生产总过程从一国范围逐渐扩大到世界范围，由于各国政治经济发展的不平衡，资本主义生产方式的基本矛盾更加错综复杂地体现在国际政治

---

① 其英文版原文摘录如下："to develop，in the public interest，a single set of high quality，understandable and enforceable global accounting standards⋯to bring about convergence of national accounting standards and International Accounting Standards and International Financial Reporting Standards to high quality solutions."在英文习惯中，表达"执行"或"实施"含义的词汇很多，如 administer、enforce、execute、implement、officiate、perform、transact、carry out 等，但只有 enforce（enforceable）才具有强制实施的含义。对单词 enforceable 的选用，表明 IASB 强制实施国际会计准则的态度十分强硬。

经济关系中。一个没有世界政府统一治理的全球经济，它的公平、公正与健康的发展尤其需要发挥国家之间的经济协调作用。

对于经济全球化本质的认识，人们尤其需要聆听马克思的启迪。机器大工业生产是资本主义生产方式的物质技术基础，它的发展要求世界市场发挥全球资源配置的基础作用。马克思指出："大工业的起点是劳动资料的革命，而经过变革的劳动资料，在工厂的有组织的机器体系中获得了最发达的形态。"[2](P453)"大工业创造了交通工具和现代的世界市场，控制了商业，把所有的资本都变为工业资本，从而使流通加速（货币制度得到发展）、资本集中"，"它使自然科学从属于资本"，"使竞争普遍化了"，因此，"它首次开创了世界历史，因为它使每个文明国家以及这些国家中的每一个人的需要的满足都依赖于整个世界"。[3](P114)于是，"一种与机器生产中心相适应的新的国际分工产生了，它使地球的一部分转变为主要从事农业的生产地区，以服务于另一部分主要从事工业的生产地区。"[2](P519-520)1866年，在对即将出版的《资本论》第一卷的最后加工中，马克思在上面这段话的注释中说明，目前美国经济的发展是欧洲特别是英国大工业的产物，它仍然应当看作欧洲的殖民地，一个向欧洲大规模输出棉花和谷物的农业地区；但是恩格斯在1890年《资本论》第一卷第4版对此处的加注中，进一步写道，"从那时以来，美国发展成为世界第二工业国"。[2](P520)这种变化正是经济全球化的产物。

马克思逝世后的130年，由18世纪与19世纪之交发生的英国产业革命开创的世界历史包括作为其物质基础的经济全球化，不但没有终结，而且随着工业革命再三地间断性爆发，不断向广度和深度发展。"资产阶级除非对生产工具，从而对生产关系，从而对全部社会关系不断地进行革命，否则就不能生存下去。"[3](P275)以交换价值为基础的资本主义生产方式本质上必然展现为世界资本主义经济体系，后者是前者的实现，只有这样，才能牢固地确立前者世界历史时代的地位。因为正如马克思所揭示的，"资本主义生产建立在价值上，或者说，建立在包含在产品中的作为社会劳动的劳动上。但是，这一点只有在对外贸易和世界市场的基础上才有可能"，"只有市场发展为世界市场，才使货币发展为世界货币，抽象劳动发展为社会劳动。抽象财富、价值、货币、从而抽象劳动的发展程度怎样，要看具体劳动发展为包括世界市场的各种不同劳动方式的总体的程度怎样。"[4](P278)这是经济全球化必然表现为资本全球化的时代根源，也是资本全球化的内在动力。马克思在这里说的通过世界市场、以世界货币表现出来的各国不同社会生产方式下具体劳动，经由抽象劳动向社会劳动"总体"的发展程度，意味着社会总资本再生产运动的国际化程度，或者说，生产社会化的国际化。它具有商品、货币和资本的拜物教性质，其反映的国际生产关系的基础便是基于国际分工的"社会劳动"。《共产党宣言》曾精练地概括了这一不平等国际分工的历史由来和社会性质，资产阶级"正像它使农村从属于城市一样，它使未开化和半开化的国家从属于文明的国家，使农民的民族从属于资产阶级的民族，使东方从属于西方"。[3](P277)直至第二次世界大战后民族解放运动的胜利使第三世界国家取得形式上的政治独立，资本全球化的一条主线一直是在宗主国与殖民地附属国的长期冲突中展开的，但此后"南北矛盾"即第三世界国家反对霸权主义、争取建立国际经济新秩序的斗争仍然此起彼伏、连绵不绝。

马克思认为，资本主导的经济全球化这种"各个人的全面的依存关系"，只是"自然形成的世界历史性的共同活动的最初形式"，在这个"最初"的世界性历史进程中，单个人"越来越受到对他们来说是异己的力量的支配"，"受到日益扩大的、归根结底表现为世界市场的力量的支配"。[3](P89)资本全球化内在的拜物教性质和拜物教意识，这种人对物极端依赖的异化状态，为世界范围的共产主义革命准备了条件。"随着现存社会制度被共产主义革命所推翻"，"以及与这一革命具有同等意义的私有制的消灭"，"如此神秘的力量也将被消灭"，"这些力量本来是由人们的相互作用产生的，但是迄今为止对他们来说都作为完全异己的力量威慑和驾驭着他们"，只有通过共产主义革命，这些力量才能转化被自由人的联合体所"控制和自觉的驾驭"的生产力和生产关系。[3](P89-90)因此，"每一个单个人的解放的程度是与历史完全转变为世界历史的程度一致的"，"只有这样，单个人才能摆脱种种民族局限和地域局限而同整个世界的生产（也同精神的生产）发生实际联系，才能获得利用全球的这种全面的生产（人们的创造）的能力"。[3](P89)

马克思在《资本论》中采取了"从抽象上升到具体"的科学方法，揭示资本主义生产方式的经济运动规律。他先假定世界市场的全部生产都是按资本主义方式经营的，或者说，在研究社会总资本再生产运动时先撇开对外贸易。但他在阐述社会总资本各个组成部分即单个产业资本循环的空间并存关系时，确实谈到了货币资本或商品资本的国际化问题，其反映的现实状况是显而易见的："大工业造就的新的世界市场关系也引起产品的精致和多样化，不仅有更多的外国消费品同本国的产品相交换，而且还有更多的外国的原料、材料、半成品等作为生产资料进入本国工业。"[2](P512)马克思分析道："产业资本不论作为货币资本还是作为商品资本的循环，是和各种极其不同的社会生产方式的商品流通交错在一起的"，在世界市场上，无论奴隶、农民、公社、部落或国家生产的产品，经商人资本之手，纷纷出现在产业资本面前并合并到它的流通中。这样，以大规模生产为前提的资本主义生产方式必然"受到在它的发展阶段以外的生产方式的限制"，因为在后者中占统治地位的往往还是狭隘的自然经济，这种限制在生产资料的流通中尤为明显。因此，"资本主义生产方式的趋势是尽可能使一切生产转化为商品生产；它实现这种趋势的主要手段，正是把一切生产卷入它的流通过程；而发达的商品生产本身就是资本主义的商品生产。产业资本的侵入，到处促进这种转化，同时又促使一切直接生产者转化为雇佣工人①"。[5](P126-127)尽管把直接生产者转化为雇佣工人最便利的手段是生产资本的输出，但在马克思生活的时代，产业资本中商品资本（经由商人资本）的国际化是资本国际化的主要形式，资本输出除了出口信贷外往往是间接投资，采取购买有价证券的生息资本方式（如在海外建设铁路网）。

20世纪初，资本全球化进入垄断资本主义阶段，宗主国达不到预期利润率的闲置货币资本日积月累，殖民地附属国农产品、矿物原料等单一出口导向经济的商品生产也有较大的发展，以资本输出为主、商品输出为辅，才成为资本主义生产方式对外扩张的显著特征，来自对外投资的收入大大超过了对外贸易的收入。西方列强的借贷资本通过遍布世界的银行等金融机构，建立起全球金融控制的密网，俨然成为"食利国"和食利阶层。自20世纪60~70年代跨国公司大规模兴起以来，通过直接投资输出的生产资本，把各国越来越多的具体劳动纳入其直接控制的抽象劳动价值增值过程，直接生产者转化为雇佣工人，生产社会化的国际化突飞猛进，垄断性竞争更加激烈。随着资本全方位的全球化，资本主义生产方式的基本矛盾逐渐在世界范围展开，20世纪下半叶世界资本主义实体经济出现的"滞涨"就是突出的表现。它一方面驱赶资本涌向绕过生产过程的金融领域，使发达国家尤其是美国的经济日益金融化、虚拟化和实体经济较大程度的"空心化"，有价证券买卖的投机浪潮得金融创新之助而风起

---

① 关于社会总资本再生产运动的国际化问题，马克思当年就曾指出，这"不能从商品流通的简单的形态变化的交错得到说明"，"这里需要用另一种研究方法"，"在这个问题上，直到现在为止人们还是满足于使用一些空洞的词句"。[5](P131-132)

云涌，直至 21 世纪伊始爆发的战后最严重的全球性金融危机和经济危机。另一方面，依托于电子产品模块化设计的标准化，跨国公司得以"瘦身"，将位居中游的非战略性的、特别是劳动密集型的生产环节外包出去，形成了全球产业链价值分布的地区性网络。基于外包的全球产业价值链网络控制，客观上有利于加速列强先进技术的全球扩散，受金融虚拟化破坏相对较少、正在大力进行工业化的新兴市场经济体相继脱颖而出，由此呈现的"南北矛盾"日益相互渗透，更加不可开交。随着美国霸权的衰落和中国国力的迅速提升，世界格局多极化的程度不断加深。

以上综述从本质上概括了全球性会计制度变革的世界历史背景。

130 多年来，马克思当年预见的创造使用价值的具体劳动，经由世界市场和世界货币，转化为形成商品价值的抽象劳动的全球化进程，通过国际生产的专业化、协作化引致的产业结构多样化，其社会劳动国际分工协作的总体规模已达到空前的程度，构筑起地球上每个人物质生产和生活需要中不可或缺的重要供应链。但由于缺少一个世界政府的统一监管和治理，成千上万条跨越国界而交错复合的物质供应链环节中，漏洞百出，危机四伏，各国法律对此捉襟见肘。

缓解 20 世纪后期资本全球化所加剧的各国不平衡发展的矛盾和世界市场呈现的生产无政府状态，需要从协调各国利益的国际分配格局入手，这已成为资本全球化的焦点问题。包括生产、分配、交换与消费关系在内的社会再生产总过程全方位的国际化，彻底改变了全球经济运行的总体格局，导致了比原来一国范围内更为复杂尖锐的经济问题乃至政治问题。就全球性会计制度变革而言，从根本上讲，经济全球化在客观上要求在全球范围实行集中的全面治理，统一解决全球性财政、税收的一体化管理等问题。而实际上走在前面的却是基础治理层面的实践问题，经济全球化率先把原来一国范围的政府会计与公司会计推向全球化，引出了在上述根本条件缺失的情况下进行全球性会计制度变革的论题，试图以此解决跨国资本循环运动中对各利益主体经济权益的维护与保障问题。各国利益分配的"非对称性"，集中体现在发达国家与发展中国家之间经济权益分配的"南北"对立中。关于全球性会计制度变革方向和内容的争论与实践，反映了"南北"经济冲突下以国家为利益主体的会计制度的博弈，折射出正在实现工业化的实体经济与金融虚拟化的后工业社会的对立。经济发达国家对发展中国家经济权益的"会计侵害"，正在成为全球化中的普遍现象。

2. 与全球性会计制度变革相关的几种理论

以产权经济学为根本依据，围绕会计制度与资源优化配置关系及其公司财产权益问题，先后形成了三种相关理论。随着经济全球化的发展，全球性治理问题日益突出，这三种理论与全球性会计制度变革的关系越来越密切，它们对大变革的实践起着直接的指导作用。

（1）"利益相关者理论"（Stakeholder Theory）。该理论产生于 20 世纪 60 ~ 80 年代，它以公司法人主体为权益中心所形成的契约联结为研究对象，以公司治理为目标，依据对企业财产权益与风险承担的关联性及其利益相关者特征的分析，[6]确认谁是企业的利益相关者。一般而言，该理论一方面研究与解决公司内部股东、经理人、管理者和员工之间的利益博弈与冲突的协调、治理问题；另一方面又从公司外部各相关方面研究和解决公司与政府、债权人、供应商、分销商、消费者以及社会投资公众之间所发生的利益博弈与冲突的协调、治理问题。并且，该理论把对公司内外利益冲突的协调与治理视为一体，通过一国范围内以产权法律制度为依据所实现的契约联结，达到对处于不同层次的利益相关者合法权益的维护和保障。但在资本全球化条件下，公司的收益分配相当大一部分是在国际范围展开的，因而，仅从微观层面研究问题的"利益相关者理论"的局限性便凸显了。在经济全球化发展态势下，公司的经济权益从属于各主权国家管辖，利益相关者之间的权益博弈及其冲突更突出地体现在各主权国家之间的利益纷争，协调和治理会计规范的确立和发展问题，也需从全球范围来进行。应当讲，这便是由微观形态的"利益相关者理论"拓展而来，适合于经济全球化条件下利益冲突协调与治理的宏观层面的"利益相关者理论"。

（2）会计制度的"经济后果性理论"（Economic Consequence Theory）。该理论产生于 20 世纪初期，它的出现系以美国为代表的资本主义国家发生严重的经济危机为背景。经济危机过后，人们在对许多典型案例的研究中，发现会计制度具有明显的经济后果性，并且其经济后果的影响程度是随着社会经济与公司经济的发展而相应变化的。尤其是 20 世纪 30 ~ 70 年代，会计准则这种统一会计制度创新形式在美国出现并取得初步发展之后，对"经济后果性"问题的研究便集中到会计准则的制订方面。20 世纪 60 年代，"美国的会计职业界就注意到，在准则制订过程中'外部力量'的影响日益增强"这一事实。[7]由于"不同的使用群体可能会偏向不同的会计政策，格外值得注意的是，管理当局所偏好的政策可能与向投资者提供最佳信息的政策存在差异"，这种情形通常要求"在会计和政治两方面达到一个微妙的平衡"，[8](P151) 这类情况最终导致会计准则制定、执行过程的复杂化。会计学界认为，会计准则的经济后果性客观上促使政府与公司之间、公司与公司之间以及其他利益相关者之间，权益博弈与冲突的明朗化。如果在会计准则的制订与颁行中，不能正确处理作为一种处于基础层次的法律制度所应具有的法定性、原则性、权威性与会计政策的可选择性、灵活性之间的关系，轻则会挫伤公司经营者和管理者工作的积极性与主动性，重则会发生侵害公司利益相关者中某一方面甚或多个方面经济权益的问题，最终将产生极其不良的经济甚或政治后果。

（3）"统一会计制度理论"（Uniform Accounting Systems Theory）。从近代至现代，作为一项统一、一致的会计制度，统一会计制度理论一直被纳入产权法律制度体系的基础层次，它对公司经济乃至整个经济社会的治理作用，也都是基础性的。

两百多年来，美国会计制度的变迁一直处于矛盾状态，至今依然未从这种状态中摆脱出来，其概况如下：①正如诺思所讲的，"规则源于自利"。[9](P66) 1787 年订立的美国殖民地《同盟条款》（*The Articles of Confederation*），正是从美国各州的经济利益出发，确定联邦政府无权审定公司的设立。因此，至今美国只有州级《公司法》，而无联邦统一的《公司法》。源于各州自利的这个《同盟条款》是美国会计制度一直不统一的历史原因。②美国实行统一的市场经济，却无起基础控制作用的统一会计制度。美国产权法律制度体系的这一重大缺陷，是造成经济危机与会计欺诈事件频频发生的深层次原因。③20 世纪初期，美国在统一会计制度方面出现了"迟到的觉悟"。1913 年的《联邦储备法》（*Federal Reserve Act*）与 1921 年的《预算与会计法案》（*Budget and Accounting Act*），初步解决了政府会计制度统一的问题。1913 年哈佛大学企业管理研究生院埃德温·F. 盖伊教授发表《论统一会计制度》一文，试图从理论上解决美国的统一公司会计制度问题。盖伊认为，统一会计制度是规范公司经营与管理行为"不可缺少的一个先决条件"，并建议对这类制度的制订要由"政府权力机构自上而下强加而来"。[10] 1919 年，又有著名学者安东尼·B. 曼宁发表《论统一会计制度的优势》，主张"在每一个产业中都应设计出一个标准账户系统……并使其得到认可"，并强调指出，会计制度是以统一为基础的，这种统一既体现为管理的内在优势，也体现为外在优势。[11] 其后，便有"哈佛账户系统"（The Harvard System of Accounts）的建立，并成为统一商业会计制度设计应用中的一个典型。

在学术界的影响之下，1917 年美国会计师协会（AIA）通过联邦储备委员会（FRB）正式发布了《统一会计》的文件，使统一会计制度在法理上得到一定程度的认可。然而，1929~1933 年经济大危机的发生，说明美国仍然未能在它的民商法体系的基础层次上，解决统一会计制度的问题，统一会计制度依然是美国统一市场经济管理中的一大障碍。④1929~1933 年经济大危机过后，在美国国会与政府的压力之下，历经数十年的努力，美国的会计职业团体和学术组织终于创立了统一会计制度的一种新形式——财务会计准则体系，实现了会计制度创新，并直接影响到 1973 年 6 月国际会计准则委员会（IASC）的成立，使统一会计准则的制订成为国际行为。

但问题在于，一方面，美国财务会计准则（US GAAP）由民间团体组织制订，其制订机制与执行机制不一致。同时，它作为产权法律制度体系中的基础层次，依旧与宪法及民商法体系处于脱节状态，故权威性十分有限。另一方面，在美国奉行自由放任政策的情况下，其财务会计准则的执行也软弱无力。这不仅使美国公司的会计造假案层出不穷，也是它在公司会计管理方面一直存在的一个极其严重的问题，随时都可能因之引发经济危机。

统一会计制度理念体现在全球性会计制度变革中，其根本精神在于如下方面：①只有通过变革，实现会计制度的统一性，才能为全球性市场经济的统一管理创造一个必需的条件。②全球性会计制度变革必须以各主权国家统一会计制度的变革为基础。③由全球会计环境因素所决定，在实现由一国统一会计制度向全球性统一会计制度转变的过程中，必须经过一个相当长时期的反复协调过程，最终方能进入趋同或一致的阶段。④就美国而言，首先它必须解决好国内的统一会计制度问题，改变对公司经济监管的自由放任政策，这样才有可能对国际会计准则理事会形成良好的影响，否则反倒会通过国际会计准则理事会，把本国的统一会计制度危机带到全球性统一会计制度的变革中来。

当今，各主权国家是全球性利益分配博弈中至为重要的利益相关者，要切实保障在它们之间实现利益的公平、公正与均衡分配，其关键取决于一系列产权法律制度的安排，而全球性统一会计制度的安排又是其中具有基础保障作用的部分，在全球性变革中，它既具有针对性与切实性，又具有迫切性与可能性。由会计制度的经济后果性所决定，进行全球性会计制度变革，必须注意把握两个关键问题：一方面，要坚持公平与公正立场，始终注意维护与保障各主权国家的经济权益；另一方面，又要坚持以全球性统一会计制度协调作为改革的出发点，把全球性会计制度改革置于各主权国家对全球化的适应性变革基础之上。

（二）全球性会计制度变革问题

如上所述，在马克思看来，基于抽象劳动、世界市场和世界货币的经济全球化，只是人类"世界历史性的共同活动的最初形式"。从世界经济发展的具体情况出发，当下一些中外学者也认为，现在和今后相当长一个历史时期内，经济全球化尚处于"初步发展阶段"。他们之所以这样定位，其原因涉及当今世界特征的多个方面。（1）从总体上考察，20多年来，尽管经济全球化的冲击是强有力的、迅猛的，然而，它还远远没有从根本上改变以民族国家经济发展为特质的世界主体格局。"'国际'一词暗含着'民族—国家'的意义"。[12]（2）就经济全球化的主要推动者跨国公司而言，当今"世界上最大的跨国公司都不是'国际化指数①'最高的公司"，跨国公司的全球化也还处于"初步发展阶段"。[13]（3）就全球金融市场而言，"世界市场仍远未达到教科书所说的完全资本流动，"[14](P103)有限的资本流动状态依然处于主导地位。（4）经济全球化处于初步发展阶段的最重要标志，是现阶段全球经济发展还存在严重的不平衡发展问题。

1. 缺失根本性前提的全球性会计制度变革

在经济全球化初始阶段，建立全球性会计准则还只是一种良好的愿望，这种主观愿望或理想还缺乏进行实质性改革的前提条件。市场经济环境下，一国范围内以产权价值运动为控制目标所建立的法律制度体系，早就有了全世界所认同的基本模式，即具有五个基本层次构建的法律制度体系的模式。（1）本国宪法中确立的"权利法案"，构筑了对所有者权益的根本性保障。（2）以"权利法案"为依据，所建立的民法与商法，通过民商法理在原则上对所有者权益的确认与保护。（3）依据上述法理的根本精神所建立的各类经济法。（4）在以上三个层次法律规范统驭之下，相应建立的各专业法律，诸如"会计法""审计法"等。（5）全面体现上述法律精神所建立的统一会计、审计制度，包括会计、审计准则与各行业会计制度。在上述体系中，第五层次是整个法律制度建立的落脚点，它具有基础性控制作用。从总体上讲，一方面，如果没有

---

① "国际化指数"是指一个国家或一个跨国公司参与国际互动的程度，该指数是以6个二级指标与18个三级指标来衡量的。[13]

以上四个层次对基础层次的统驭作用，第五层次便丧失了它存在或建立的依据乃至意义与作用；另一方面，如果没有科学的统一会计制度，那么整个法律制度体系便丧失了它规制的基础性保障，这个体系的作用便也缺乏切实性与针对性。

然而，从全球范围考察，现阶段全球性法律制度体系尚处于缺位状态，即以上所讲的前四个层次还不存在。包括"联合国宪章""国际民商法"与"国际经济法"在内的法律文献，还只是政府间进行法律协商与协调的依据，它们都还不具有全球性法律制度的地位与作用。在此历史条件下，国际会计准则理事会不切实际地提出建立所谓"全球性会计准则"，既缺少它所依据与存在的根本性前提条件，也缺乏根本法、民商法以及相关经济法与专业法的支持，并且缺乏作为统一会计、审计制度的独立性、权威性。如果是在国际会计准则委员会阶段，以"改进与协调"作为国际会计准则制定的目标定位，尚能够在政府间发挥其协调作用，那么在国际会计准则理事会的"强制性趋同"目标下，制订国际会计准则便成为一种脱离现实的空想。倘若国际会计准则理事会一意孤行，坚持在"强制性趋同"的道路上走下去，我们只能认为，这是某些西方国家不理智地推行"会计霸权主义"的行径。

2. 缺乏科学理论基础的"国际财务报告准则"

历经 1929～1933 年经济大危机，美国在痛定思痛中创立了会计准则的统一会计制度形式。这种会计准则的创新性价值在于，在它建立与发展的过程中，通过协调把技术性规范形式与理论性规范形式统一起来，既从法理上解决了必须遵照准则执行的问题，而又从会计原理上解决了为什么要这样执行的问题。尤其是从 20 世纪 70 年代开始，在美国财务会计准则委员会（Financial Accounting Standards Board，FASB）提出建立"财务会计概念框架"之后，财务会计准则中的理论性规范进一步得到加强，编制质量也得到明显提高。然而，问题在于，美国财务会计准则中的理论性，始终局限于会计与财务原理方面，不仅从根本上缺乏经济学、法学与管理学的理论支持，而且甚至还在一些概念的建立上违背了这些理论。所以，美国的财务会计准则不可避免地存在若干理论的和制度性的缺陷与问题。国际会计准则理事会的国际财务报告准则中的"理论指南"基本上是照搬美国的，也同样存在这样或那样的缺陷和问题。

美国财务会计准则委员会与国际会计准则理事会在会计准则理论上所产生的混乱，首当其冲地反映在它们所建立的"公允价值"（Fair Value）这个概念上。西方会计学正式出台的"公允价值"概念，从一开始便违反了它的历史本意。毫不奇怪，这个概念与批判地吸收了古典经济学中合理部分的马克思劳动价值学说也是背离的。

1898 年，美国高等法院在铁路部门对内布拉斯加（Nebraska）州政府制定价格不公平的"史密斯与阿迈斯"（Smyth Vs. Ames）一案裁决书中写道："计算合理价格的基础必须是为公众提供服务的不动产的公允价值。"[15]裁决书上所讲的"公允价值"，系指只有不动产价值确认和计量保持合理性与公正性，才能使据此而制定的价格具有合理性与公正性，其形成的顺序应当是先有"公允价值"，然后才有"公允"价格，最后才可能计算出"公允收益"（Fair Return）。[15]故裁决书上所说的"公允"与 1844 年英国《股份公司法》（The Joint Stock Companies Act）中针对资产负债表的编制质量要求所讲的"公允"，其精神是一致的。价值的计量显然离不开运用历史成本会计的核算。然而，进入 20 世纪后，却在"公允价值"的认识方面发生了偏差，即产生了一种逆向认识。"公允价值"被认为系指自愿当事人之间（不属于被迫或清算性出售）的当前交易中，某个确定时点上一项金融工具可交换的金额。[16]金融工具系指在金融市场中可交易的金融资产，是贷者与借者之间融通货币余缺的书面证明，也是产权和债权债务关系的法律凭证；包括高流动性的金融工具如纸币和银行活期存款等，以及有限流动性的金融工具如存款凭证、有价证券及其金融衍生品。与金融资产对称的是具有物质形态的实物资产，包括企业的存货和固定资产等，金融资产是一种索取实物资产的权利。投资性房地产的交易也采用"公允价值"计量。[17-18]"公允价值"对未来现金流量贴现的主观预测，在其估计来源的三个层次（按活跃市场公开报价计量的公允价值、按可观察信息计量的公允价值、按不可观察信息计量的公允价值）的后两者中尤为明显，对于不活跃市场，可以采用内部定价如价值评估模型以及交易对手提供的价格资料来确定公允价值，并取信于信用评级公司的认证。传统的历史成本会计是指除了现金和应收项目这类货币性资产以外，企业任何资产的取得和耗用，一律采用历史成本即实际成本计价、记录。对公司经营业绩即利润的计量，在历史成本会计中，损益确定以收入确认为基础，表现为按现行市价计量的产出与按历史成本计量的投入之间的差额；在"公允价值"会计中，损益确定则以资产评价为基础，表现为资产和负债"价值"变动的差额即净资产"价值"变动，金融资产减值的确认，无须以损失或触发事件为前提，预期信贷损失，立即确认为当期损益，并建立拨备。[19] 人们在市场交易中,先寻求所谓"公允"的市场交易价格,然后仅根据这个价格即可计取流动性资本市场上资产或负债的"公允价值",最后在盈利计算中便以为取得了"公允收益"。围绕这种逆向思路,才先后有了"盯市价格""估计价格""买入价或脱手价",以及那个具有竞价特征的现行"市场价格"等。由此,会计学在这个领域里的确认与计量方面便被倒置了,进而在这个领域把经济学的传统认识也颠倒了,使其所标榜的"公允"成为事实上并不公允的事物。

马克思指出,商品价值是"耗费在商品生产上的社会劳动的对象形式","决定商品的价值量的,是生产商品所必需的劳动量"即社会必要劳动时间。[2](P613,615) 价值反映的是商品生产者之间交换产品的社会联系,而不是物的自然属性。商品的价值只有通过交换,在其他商品的使用价值上表现出来,它们之间交换的量的比例关系就是交换价值,价格是商品价值的货币表现。尽管因商品的供求不均衡,价格经常涨落,但始终是围绕价值上下波动的。一旦竞争引致的资本自由流动首先在一个部门内进而在各个不同部门之间得以实现,市场价格总是围绕市场价值或生产价格这个中心波动的。对于资本的运行来说,"补偿所消耗的生产资料价格和所使用的劳动力价格的部分……这就是商品的成本价格"。[20](P30) 依据马克思的理论,我国学者在会计学中相应的解释是:产品成本是以货币表现的,为进行生产所消耗的全部物化劳动转移价值与活劳动中员工为自己所创造的价值部分。这里涉及的是以物质资料生产活动为内容的实体经济,实体经济是社会经济活动的基础,也是历史成本会计所反映的对象。随着信用制度和银行制度的发展,实物资本取得了职能资本和生息资本的双重存在形式。[21]

马克思指出,信用"本身是资本主义生产方式固有的形式","又是促使资本主义生产方式发展到它所能达到的最高和最后形式的动力"。[20](P685) 由于信用制度和银行制度的发展,有价证券(包括无发行准备金的银行券)成了财富即虚拟资本的存在形式。在证券交易所倒卖的股票交易,转让的是一张单纯的对股份资本预期可得的剩余价值的所有权证书,即现实资本的纸制复本,其价格变动"完全不决定于它们所代表的现实资本的价值",[20](P531) 而是对未来预期收入的资本化。"货币资本的积累,大部分不外是对生产的这种索取权的积累,是这种索取权的市场价格即幻想的资本价值的积累",其"自身没有任何价值"。[20](P531-532) 也就是说,抽象劳动只凝结在现实资本中,而非凝结在其纸制复本中。有价证券"这些商品的价格有独特的运动和决定方法",取决于货币和资本市场上供求之间的竞争程度,"当竞争本身在这里起决定作用时,这种决定本身就是偶然的,纯粹经验的,只有自命博学或想入非非的人,才会试图把这种偶然性说成必然的东西"。[20](P407,530)因此,所谓的"公允价值"只是"幻想的资本价值"。虚拟资本的货币价值充其量"也就是一个幻想的资本按现有利息率计算可得的收益",在钱直接生钱的虚拟资本投机天堂,不需要再干以经营生产过程为中介的倒霉事,在虚拟资本这个"一切颠倒错乱形式之母""最表面和最富有拜物教性质的形式"中,"和资本现实增殖过程的一切联系就彻底消灭干净了"。[20](P440,528-530)马克思总结道:包括虚拟资本在内的"信用制度加速了生产力的物质上的发展和世界市场的形成;使这两者作为新生产形式的物质基础发展到一定的高度,是资本主义生产方式的历史使命。同时,信用加速了这种矛盾的暴力的爆发,即危机,因而促进了旧社会方式解体的各要素。信用制度固有的二重性质是:一方面,把资本主义生产的动力——用剥削别人劳动的办法来发财致富——发展成为最纯粹最巨大的赌博欺诈制度,并且使剥削社会财富的少数人的人数越来越减少;另一方面,造成转到一种新生产方式的过渡形式。"[20](P500)

"公允价值"是为金融领域中虚拟资本有价证券及其他金融资产的交易服务的会计计量,尤其针对企业并购中被并购企业净资产的评估问题,以满足投资人决策的需要。但是实体经济的大部分企业(上市的和未上市的)的经济活动通常并未发生以控股为目的的金融交易的资产产权转移,其资本市场往往属于非流动性市场,抑或为可交易但未流动的金融资产,其"公允价值"所假设和需要的公开信息难以取得,即使在二级资本市场每天巨额的有价证券交易中,由于股权的分散化和普通投资人赚取股票买卖价格差额的投机性目的,一般也不涉及对整个企业的购入和售出。对于以上情况,以历史成本会计计量的基础地位是不可动摇的。"公允价值"的强制性趋同和实施,以资本市场某个时点有价证券的市价及此时对未来现金流量贴现的预期为会计准则,取代账面价值的历史成本会计,企业据此进行盈余管理,导致金融机构确认巨额的未实现资产交易、未产生现金流量的企业损益,欺诈行为因而层见叠出。"公允价值"会计内在的顺周期效应,又对金融危机的周期性爆发起了推波助澜的作用。"公允价值"会计的盛行与有效资本市场理论(Efficient Markets Hypothesis,EMH)的发展有重要关系,后者在过去几十年中成了西方金融监管的理论基础。[22-24]该假说主要包含三个要点：金融市场的每个参与者都是理性的经济人；股票价格反映了他们之间供求的平衡；股票价格能充分反映交易资产的所有可获得的信息。它们都已被至今仍在延续的西方金融危机所证伪。这些错误的理念都是进行全球化会计制度变革的障碍。

以上情况的发生是以美国为代表的资本主义发达国家金融资本集中化、资产证券化、衍生金融工具不断创新从而经济金融化、虚拟化的产物。进入 20 世纪 90 年代以来，经济全球化发展日益深入，在世界范围内掀起了第五次跨国并购浪潮，为适应金融资本国际垄断和国际控制的需要，美国财务会计准则委员会与国际会计准则理事会要求向"公允价值"实行"强制性趋同"的呼声，也随之在 21 世纪初达到了顶峰。与此同时，以电子产品模块化为技术基础的全球产业链在地缘经济布局上取得了新突破，新兴市场经济体承包劳动密集型加工环节的企业群集聚，把大量制成品返销全球产业链的控制国，由此取得的巨额外贸顺差也回流到发达国家主要是美国的金融市场。美国从海外进口廉价的生活日用品，以满足实际工资长期停滞的国内劳动者的消费，其国民经济的重心则更加向金融部门倾斜。面对实体经济国内外市场的相对饱和以及货币资本的高度集中，金融资本需要加速投资工具的杠杆化，"夺取新的市场，更加彻底地利用旧的市场"，[3](P278)次贷及其危机是金融资本彻底利用旧市场的典型表现，推动全球性会计制度变革则是控制发展中国家实体经济的金融制高点、夺取新市场的一个必要条件。

3. 对国际会计准则理事会及其变革的具体质疑

本文认为，国际会计准则理事会确定的全球性会计准则强制性"趋同"方针是不切实际与本末倒置的。它基本上否定了全球经济发展所存在的严重不平衡问题，无视"南北"差距与冲突的存在，并且没有把全球性会计制度变革放在公平与公正的立场上，故其作为变革引领者的身份是值得质疑的。

（1）对国际会计准则理事会组织地位的质疑。专家们普遍认为，当今"国际社会不存在凌驾于主权国家之上的世界政府，政府间组织本质上只是国家多边合作的产物与实施者"。[25]那些规范国际关系的原则、规则和制度的条约化，都是由具有普遍性的国际组织完成的，但它们却只是创制者，而不是强制者。迄今为止，国际社会还没有一个强制执行国际法律制度，并对所有主权国家都具有管辖权力的司法机关。像国际会计准则理事会这样一个"全球民间社会"[26](P144)中的普通组织，并不具有立法建制所需的权威性，其强制权力无从谈起。即使它得到诸如国际货币基金组织、世界银行、世界贸易组织等的支持，但它所颁行的会计制度也不能以强制性作为执行的出发点。

（2）对国际会计准则理事会强制性"趋同"方针的质疑。经济全球化发展带来一系列十分严重的全球性问题，客观上确实需要通过建立全球性法律制度加以治理。但首先应当明确的问题是，一方面，"即使在全球化时代，维护国家主权仍然是国际关系的最基本准则"，为此，"要坚决反对那种借口全球化，甚至以一个国家的国内法为标准"，侵犯别国主权的图谋；当然，另一方面，也要认识到"主权的概念也是历史的、发展的"，它也应当适应经济基础的变化而变化。[27](P735)把以上两方面结合起来加以考察，应当指出，顺应现阶段经济全球化发展的客观要求，任何一个民间的国际性组织或政府间的国际组织所确定的法律原则和所制订的具体规则、制度，在执行中都应以协调为出发点，对其间所发生的冲突也都应按照"软化处理"（softening process）的规则进行，[28]甚至通过相互妥协达到认同、沟通和一致性互动的目的。此外，坚持公平、正义与保护弱者利益，已成为全球性法律制度制订的一项基本原则。

如联合国对于可能危及和平与发展状况的治理，首先是通过商讨与建议机制进行的，其次依然是通过安理会启动调查、协调、会商、调停与和解机制进行处理。只有在非常情况下，联合国最后才依靠它在国际上的权威性，或形成决议后进行经济制裁，或采取维和性军事行动，其行动始终以维护和平与发展为目的。又如1995年以来世界贸易组织所建立的多边贸易体系，从实质上讲，它"是一套调节国家经济与贸易关系的法律规则和程序的体系"。[25]它以调整多边贸易关系为主旨，所制订的二十多个规则，其精神都是从协定、议定、决议与达成谅解角度出发的。即使出现重大贸易争端，也尽可能地通过规则与程序，力求达成谅解，只有当实在无法达成谅解时，作为一种救济办法，才启动法律程序进行裁决。其目的均在于促使多边贸易体系的运行更加安全、透明和具有可预见性，而未采用随意性强制措施去激化贸易争端。再从国际上对经济全球化涉及的跨国收益分配的财政税收问题来考察，它的具体处理最终也有赖于全球性会计标准的确定。国际社会在这方面已达成共识，把公平、公正解决问题的落脚点放在"财政协调""税收协调"或税收协商调整方面，以防范收益分配冲突。可见，国际会计准则理事会进行全球性会计制度改革所实行的强制性"趋同"方针是逆流而行的，它背离了国际社会通过法律制度建设治理全球化经济的根本精神与方针。

（3）对国际会计准则理事会改革立场与规制倾向性的质疑。"国际政治经济秩序规则总是代表了处于绝对优势地位的发达国家的利益，这是不争的事实。"[29]这一普遍现象使发展中国家自身的利益不可避免地遭受侵害。正是这种使发达国家处于利益优势而发展中国家处于弱势或劣势的规则，在全球范围持续扩大了经济上的不平衡与不平等，拉大了"南北差距"，从而进一步激化了"南北冲突"，影响到世界的和平与发展。国际会计准则理事会的控制权把持在发达国家手中①，其代表性极其有限，基本上是发达国家的会计俱乐部。近年来，国际会计准则理事会不断对我国施压，甚至要求我国"一字不差"地采用它的会计准则，并夸大其词地说，全球已有一百二十余国采用它的准则。[30]由于国际会计准则在事实上存在侵害国家权益的"趋同陷阱"，就连以美国为首的许多大国也没有完全采用国际会计准则理事会的准则。② 2011年7月，国际会计准则理事会现任主席汉斯·胡格沃斯特在北京国家会计学院演讲时说：与国际会计准则趋同，"这只不过是会计而已，又不是要放弃领土、军队或者其他重要的事情。"[30]汉斯不是不了解会计对保障国家经济"权益"的重要性，也并非不知道国际会计准则在利益与资源分配方面存在的大量问题，他的轻描淡写不过是掩盖其组织推行会计霸权的烟幕。

（4）关于国际会计准则理事会的工作起点问题。自2001年4月以来，国际会计准则理事会一方面把"国际财务报告准则"建设作为一个重点，力求在这方面与发达国家取得一致，并试图在全球强制推行；另一方面，它又以过去国际会计准则委员会所制订的"国际会计准则"为基础③，试图通过局部修订形成具有"趋同"意义的会计准则。从目前看，尽管国际会计准则理事会所谓的"制订一套高质量"全球性会计准则，尚未摆脱国际会计准则委员会的工作基

---

① 在IASB理事会的14个席位中，发达国家占有13席，在全球性会计准则制订与颁行方面，取得了"主发言人"的绝对控制权。

② 自1973年6月29日由英美等国的16个公共会计师行业协会发起成立国际会计准则委员会以来，美国证券市场一直对该机构制定的"国际会计准则"持抵制态度。直至2000年5月，国际证监会组织（IOSCO）通过国际会计准则委员会的全部40项核心准则，后者又基本上按照美国财务会计准则委员会（FASB）的模式进行全面重组，有3名美国人在其中担任重要职务；2001年，再由美国证券行业牵头，依照《特拉华州公司法》成立了国际会计准则委员会基金会（IASC Foundation），控制了国际会计准则委员会并将其名称改为"国际会计准则理事会"，美国的立场才发生了根本性变化。作为民间专业机构，美国财务会计准则委员会发布的美国会计准则通常被称为"公认会计准则"（GAAP），其数量大大超过国际会计准则理事会发布的会计准则，内容也更为具体，而且美国证监会（SEC）对GAAP握有否决权。2011年5月，国际会计准则理事会发布《国际财务准则第13号——公允价值计量》，其中的一个重要目的是实现国际财务报告准则与美国公认会计原则的趋同。

③ 国际会计准则理事会在2001年4月20日会议上通过以下决议："根据以前的章程发布的所有准则和解释公告继续适用，直到它们被修改或撤销。"[31](P29)

础，但国际会计准则理事会却把这两方面的工作看作变革的战略实施要点，所造舆论大有咄咄逼人之势。其实这两方面的工作目前还处于矛盾状态，明显地需要一个转变过程，与推陈出新的距离还比较遥远。而国际会计准则理事会看好并要各国趋同的"国际财务报告准则"，确实还缺乏它声称的"制订一套高质量"全球性会计准则的支持，包括基本准则和具体准则的基础支持。更何况一些发达国家所提出的确定"市场经济地位"的会计标准或企业、行业的市场经济标准，都是以原有的国际会计准则来考量的，若以国际会计准则理事会的"强制趋同"方针为"市场准入"的标准，实际上不仅不能起到对全球性市场的治理作用，反倒会阻碍它的正常发展。尤为重要的是，对全球性市场的平等参与是互惠互利的，失去发展中国家的积极参与，发达国家也不可能单独获利。

（5）对国际会计准则理事会关于"公允价值"自由放任使用的质疑。早在2005年，国际社会就曾经"质疑公允价值会计模型、国际会计准则理事会的职责，以及将国际会计准则理事会和美国财务会计准则委员会的标准结合的策略"，认为它们脱离了客观经济环境变化的实际。[32]尤其是步美国之后尘，对"公允价值"自由放任的使用这一不计后果的行为，未来不仅将造成跨国工商业与金融业的混乱，其不公允的计量方法还会造成对发展中国家经济权益的掠夺。2006年，国际会计准则委员会基金会主席托马索·帕多阿·肖帕（Tommaso Padoa‑Scioppa）曾说："国际会计准则理事会与美国财务会计准则委员会的趋同是实现高质量、可理解的全球会计准则的重要一步。"[33]而一些专家却指出："与美国的趋同可能会损害其他国家投资者的利益。"[34]如前所述，长期以来，美国财务会计准则委员会关于"公允价值"规定的指南，分散于不同的财务会计准则中，前后不一致，再加上美国会计准则制订机制与执行机制的不一致，给一些资产、负债和权益的计量带来了混乱，致使重大会计欺诈事件时有发生，已严重侵害了投资者权益。2006年9月，美国财务会计准则第157号（SFAS157）《公允价值计量》的颁行，造成了一系列严重后果，国际会计准则理事会于同年11月通过一则"新闻公告"反映出来的对"SFAS157"的照搬，也势必将其弊端及危害扩大到全球范围。尤其是在全球金融危机期间，外部市场流动性的缺乏导致"公允价值"的确定，由"盯市"转向"盯模"，加剧了全球资本市场信息的不对称程度，在一定程度上助长了经济危机的蔓延。无论是国际会计准则理事会发布的上述"新闻公告"，还是其2011年5月正式颁布的《国际财务报告会计准则第13号——公允价值计量》，对这场全球性经济危机的复苏都起了负面作用。

国际社会政府间的各种组织在本质上只是主权国家多边合作的产物，只能把"全球治理"（Global Governance）或"没有政府的治理"（Governance without Government）放在协调的基础上。[35]它们之所以可以行使某方面的政府性的行政职能，正是通过协调与反复协调获得成员国授权转让的结果。会计制度变革是全球治理制度安排的连续统一体中的基础部分，也必须把支配全球性会计制度变革的指导思想放在以"协调"为主导的方面，正确处理"协调"与"趋同"的关系，这是推进全球性会计制度变革的关键所在。

（三）应对全球性会计制度变革的基本方针

为端正全球性会计制度改革的航向，以下就其中的几个根本问题展开研究，并就我国应对这一变革的基本方针提出建议。

根据经济全球化处于"初步发展阶段"来定位，对全球性会计制度改革基本方针的确定，应当把握住三个基点。（1）坚持以协调为主导，严格掌握改革的公平、公正性。这是实现变革的立足点。（2）辩证处理协调与趋同的关系，通过反复协调方可确定可趋同的基础，确认有步骤地达到渐近式趋同的目标与具体内容，并注意把握这类会计准则在执行中的继续协调问题。这是实现变革的关键。（3）在改革过程中，正确处理会计规范协调、趋同、一致三个改革维度之间的关系。"全球性会计准则"基本框架的制订可划分为三类：一致性会计准则（Consistent Accounting Standards）；趋同性会计准则（Converged Accounting Standards）；协调性会计准则（Harmonized Accounting Standards）。衡量改革方针正确与否的标准，要看是否正确区分和把握了"一致""趋同"和"协调"这三个维度的准则基本范围的关系而依次增进。只有这样，才能建立现阶段全球性会计准则体系。

首先是一致性会计准则的制订。一致性会计准则制订的依据在于国际会计公理（Accounting Axioms）和国际通行会计惯例（Accounting Conventions）。基于这类准则构成的两重性，即理论性规范与方法技术性规范的统一，也可以把这类准则的制订相应分作两个方面———一致性会计准则的理论规范部分和一致性会计准则的方法技术规范部分。前者的制订依据主要是国际会计公理或公认会计学原理，诸如会计目标、会计基本假设、会计原则、会计基本要素、会计信息、会计信息质量标准与披露基本标准、会计报表编制种类与原则性要求，以及纳入基本概念框架范围的一系列重要会计概念等。经过五百多年的发展，无论从"簿记学原理"（Book‑keeping Principles）还是从"会计学原理"（Accounting Principles）方面讲，这些基本准则通过会计研究与会计教育，在全球范围已形成共识，其理论性规范完全可以在全球性会计准则中确定下来，在这方面不存在是否趋同的问题。

方法技术规范依据的主要是国际通行会计惯例。如由产权神圣不可侵犯这一重大法律原则所决定，对资产、负债与权益要素的确认、计量、记录与编制、披露的方法、技术标准的确定；再如对公平、公正反映产权价值运动过程及其结果所具体体现出来的确定收入、费用、成本与财务成果的方法技术性标准；以及类似涉及约定关税减让原则时，确定"制造成本"制度方面的方法技术性规则等等。这些也都可直接纳入一致性会计准则，完全不需要通过"趋同"过程。

其次是趋同性会计准则的制订。会计界使用"趋同"概念确实是从国际会计准则理事会开始的，但国际会计准则理事会却并未从科学的含义上对"趋同"做出明确的解释，只是把它的准则作为标杆，让所有国家都向标杆看齐，试图最终达到统一。实际上，"趋同"多用于自然科学，如种类不同的动物或植物，由于习惯或环境相似而引起相似性质的发展，称为"趋同现象"。近年来，随着"法律全球化"理论的出现，又产生了一种与之并存的"法律趋同化"理论，[36]其后也运用到其他方面，会计界所用的"趋同"与此具有相关性。

从含义上讲，一般而言，"趋同"与趋近或朝着一个目标趋向一致的意思雷同，在行为上具有进行一致性组合的情状。如果将其应用于全球性会计制度建设方面，由于会计制度的经济后果性直接涉及利益的公平、公正分配问题，因而，需要从原则上对现阶段可纳入"趋同"范围的制度内容作出限定。（1）以协调为出发点，明确趋同的方向，确定趋同的内容。（2）坚持以事实为基础的会计原则，以"收入—费用"观支配这类会计准则的制订，其经济后果须以维护与保障所有者权益为前提。（3）辩证地以原则性兼规则性作为制订这类准则的基础，既要防止准则内容在解释与执行中的不确定性，又要防范因内容杂乱繁琐而不易正确理解与执行。（4）坚持公允的制订程序，由协调和再协调走向趋同结果的过程要透明。同时，在执行中发现问题要允许反复，以致可以改变所属准则基本范围的类别。表6‑1所列趋同性会计准则的基本范围，可以作为制订这类准则的参考依据。

表 6 - 1　　　　　　　　　　趋同性会计准则确定的基本范围

具体会计要素或事项的 定义与确认	具体会计要素或事项的 初次计量	会计信息披露
1. 存货	1. 存货	1. 会计差错更正
2. 长期股权投资	2. 长期股权投资	2. 资产负债表日后事项
3. 投资性房地产	3. 投资性房地产	3. 财务报表列报
4. 固定资产	4. 固定资产	4. 中期财务报告
5. 生物资产	5. 生物资产	5. 合并财务报表
6. 无形资产	6. 无形资产	6. 分部报告
7. 非货币性资产交换	7. 资产减值	7. 其他
8. 资产减值	8. 收入	
9. 建造合同	9. 建造合同	
10. 借款费用	10. 借款费用	
11. 企业合并	11. 企业合并	
12. 其他	12. 其他	

趋同性会计准则的制订是改革中的难点。它既决定着改革的历史进程，也决定着改革的实际成效，所以，在工作进行中要慎之又慎。一方面，在制订中要把握科学的逻辑性与严密性；另一方面又要从细节入手，力求公平、公正。对其中一些具体规则的表述很可能潜藏着"魔鬼"甚至"趋同陷阱"，使准则的作用走向反面，这是必须引起高度重视的一个问题。

最后是协调性会计准则的制订。这类准则的制订是现阶段整个改革工作的重点，它决定着改革的成败与发展。几十年来，国际会计和报告准则政府间专家工作组（ISAR）与国际会计准则委员会虽然已在这方面做了大量工作，并取得一定成效。然而，要从现阶段经济全球化极其复杂的会计环境之中走出混沌状态，明确全球性会计制度建设以"协调"为主导与以"趋同"为主导的根本性区别，并就前者达成全球共识，还将是一个十分艰难的过程。其中，尤其要正确处理"收入—费用观"与"资产—负债观"之间的关系。鉴于全球化过程中"南北经济"发展的不平衡，以及以往按"公允价值"计量已造成负面影响的后果，凡涉及预测性会计方法、技术的应用及其会计指标与数据确定的规范，凡与利润确定相关的预测性事项的规范（如衍生金融工具的应用），尤其是影响到现金循环的预测性事项的规范，以及其他涉及利益分配的规范等，应一律纳入协调性会计准则范围，经由利益相关者反复协调，制订出可供各方共同接受和遵从的规范。表 6 - 2 所列范围可供制订这类准则作为参考。

表 6 - 2   协调性会计准则确定的基本范围

与特定国情和法律紧密联系的会计准则	以预测为基础的会计准则	与"公允价值"计量属性相关的具体会计要素或事项后续计量和处理的会计准则	涉及新领域的会计准则	涉及特殊主体的会计准则
1. 职工薪酬 2. 企业年金 3. 股份支付 4. 债务重组 5. 政府补助 6. 所得税 7. 外币折算 8. 租赁 9. 金融工具与金融资产 10. 保险合同 11. 石油天然气开采 12. 关联方披露 13. 其他	1. 或有事项 2. 每股收益 3. 收入的定义与确认 4. 会计政策和会计估计变更 5. 其他	1. 存货 2. 长期股权投资 3. 投资性房地产 4. 固定资产 5. 生物资产 6. 无形资产 7. 非货币性资产交换 8. 资产减值 9. 建造合同 10. 借款费用 11. 企业合并 12. 其他	1. 衍生金融工具会计 2. 通货膨胀会计 3. 人力资源会计 4. 环境会计 5. 其他	1. 中小企业会计准则 2. 其他

显然，本文对全球性会计制度建设的探索，有益于推动全球性会计改革问题的深入研究。由于文中所阐明的基本观点与国际会计准则理事会的立场相去甚远，很可能会引发一场争议，并形成广泛的讨论，这正是本文所期待的。要使这场和全球各主权国家利益的博弈与均衡攸关的大变革富有成效，必须通过反复探讨与争议，才能广泛地达成共识，最终实现发达国家与发展中国家协同参与的目的，使这场改革成为它们共同的创造与责任。

参考文献

[1] 国际会计准则委员会基金会. 国际会计准则（2002）[M]. 北京：中国财政经济出版社，2004.

[2] 资本论（第1卷）[M]. 北京：人民出版社，2004.

[3] 马克思恩格斯选集（第1卷）[M]. 北京：人民出版社，1995.

[4] 马克思. 剩余价值理论·第3册（上）[M]. 北京：人民出版社，

1975.

[5] 资本论（第 2 卷）［M］．北京：人民出版社，2004.

[6] Clarkson, M. E. A stakeholder framework for analyzing and evaluating corporate social performance ［J］. Academy of Management Review, 1995, 20 (1): 92 – 117.

[7] Zeff, S. A. The rise of economic consequence ［J］. The Journal of Accountancy, 1978, 12: 56 – 63.

[8] 威廉·R. 斯科特．财务会计理论 ［M］. 陈汉文，等，译．北京：机械工业出版社，2006.

[9] 道格拉斯·C. 诺思．制度、制度变迁与经济绩效 ［M］. 杭行，译．上海：格致出版社，上海三联出版社，上海人民出版社，2008.

[10] Gay, E. F. Uniform accounting systems ［J］. Journal of Accountancy, 1913, XVI: 268 – 269.

[11] Manning, A. B. Advantages of uniform accounting ［J］. Journal of Accountancy, 1919, 28: 113 – 120.

[12] C. 卡尔霍恩，黄平．全球化研究的思考与问题 ［J］. 社会学研究，2001, (3): 118 – 124.

[13] 裘元伦．经济全球化与中国国家利益 ［J］. 世界经济，1999, (12): 3 – 13.

[14] 阿沙夫·拉辛，埃弗瑞·萨德卡．全球化经济学——从公共经济学角度的政策透视 ［M］. 王根蓓，陈雷，译．上海：上海财经大学出版社，2001.

[15] Hunt, J. W., Legg, W. S. Public utility rates in Illinois: the Bell cases ［J］. Northwest University Law Review, 1955 – 1956, 50: 17 – 41.

[16] Thomas B. Sanders, SFAS No. 157 and the current banking crisis: fair value is part of the reform process with the SEC, at the Fed, and in Congress ［J］. Strategic Finance, 2009, 12: 50 – 53.

[17] 国际会计准则第 40 号——投资性房地产 ［EB/OL］. 纳税服务网：http://www.cnnsr.com.cn/jtym/fgk/2000/20000301000000012603.shtml.

[18] 杨敏，李玉环，陆建桥，朱琳，陈瑜．公允价值计量在新兴经济体中的应用：问题与对策——国际会计准则理事会新兴经济体工作组第一次全体会议综述 ［J］. 会计研究，2012, (1): 4 – 9.

［19］黄世忠．全球金融危机与公允价值会计的改革与重塑［EB/OL］．ht-tp：//www. doc88. com/p – 698583013830. html，2012 – 04 – 18：61，64.

［20］资本论（第3卷）［M］．北京：人民出版社，2004.

［21］叶祥松，晏宗新．当代虚拟经济与实体经济的互动——基于国际产业转移的视角［J］．中国社会科学，2012，（9）：63 – 81.

［22］Fama，E. F. Efficient capital markets：a review of theory and empirical work［J］．The Journal of Finance，1970，25（2）：383 – 417.

［23］Fama，E. F. Efficient capital markets：Ⅱ［J］．The Journal of Finance，1991，46（5）1575 – 1617.

［24］Fama，E. F. Market efficiency，long – term returns，and behavioral finance［J］．Journal of Financial Economics，1998，49，（3）：283 – 306.

［25］饶戈平，黄瑶．论全球化进程与国际组织的互动关系［J］．法学评论，2002，（2）：3 – 13.

［26］俞正梁，等．全球化时代的国际关系［M］．上海：复旦大学出版社，2000.

［27］朱景文．比较法社会学的框架和方法——法制化、本土化和全球化［M］．北京：中国人民大学出版社，2001.

［28］宣增益，朱子勤．论20世纪西方国家国际私法学的发展［J］．比较法研究，2000，（2）：146 – 155.

［29］李建军，田光宇．经济全球化中的政治经济学［J］．财经问题研究，2001，（5）：25 – 28.

［30］刘玉廷．国际财务报告准则的重大修改及对我国的影响［N］．证券时报，2011 – 10 – 14.

［31］国际会计准则委员会基金会．国际财务报告准则（2004）［M］．北京：中国财政经济出版社，2005.

［32］Stella Fearnley，Shyam Sunder. Headlong rush to global standards［N］．Financial Times，2005 – 10 – 26.

［33］Tommaso Padoa – Schioppa. Converging accounting standards work must go on［N］．Financial Times，2006 – 05 – 18.

［34］Michael Hughes. Converge rules in haste，repent at leisure［N］．Financial Times，2006 – 02 – 15.

［35］俞可平. 全球治理引论［J］. 马克思主义与现实，2002，（1）：20 –
32.

［36］李双元，李赞. 全球化进程中的法律发展理论评析——"法律全球
化"和"法律趋同化"理论的比较［J］. 法商研究，2005，（5）：153 – 160.

（写于 2013 年）